論理回路の設計

博士(工学) 浅川 毅 著

コロナ社

まえがき

　近年の半導体集積化技術の発展により，数十億のトランジスタがワンチップ上に構成可能となり，システム全体がチップに搭載される時代を迎えている。これに伴い，システム内のディジタル回路も一層複雑さを増し，その論理設計に対応するためにコンピュータ技術を利用した設計支援ツールが開発され普及している。設計支援ツールでは論理仕様や条件を与えることにより論理回路を合成できるため，大規模でかつ複雑な論理回路に対して設計の自動化や効率化を図ることができる。このような状況下において，手作業で論理を組み立てて設計することはすでに現実的ではあるまい。しかし，これらの設計支援ツールは，従来からの論理回路設計手法を基礎として開発されたものであり，その原理を知ることは，回路設計者やツール開発者のみならずディジタル回路にかかわる多くの技術者にとって非常に重要なことである。特に，不測の事態での対応や解決の糸口を探るためには不可欠である。多くの工学系の大学，高専，専修学校等において，論理回路設計に関する講義が行われていることがこのことを裏付けている。

　本書は，これから論理設計を学ぶ学生や技術者を対象とし，論理回路の原理や具体的に設計する手法について述べている。前半（1～7章）を論理回路の理論，後半（8～12章）を論理回路の設計法として構成している。論理回路に関する特別な知識を必要とせずに読み進められるように，前半では論理回路の基礎として2進数，論理演算，ブール代数，論理ゲートをとりあげたうえで，基本的な組合せ回路と順序回路について述べている。また，論理回路の表現法として論理和形と論理積形ならびにその簡単化手法について解説している。後半では論理設計の手法について，組合せ回路，同期式順序回路，非同期式順序回路のそれぞれについて，その設計手法について述べている。また，実動作時の順序回路の解析法と設計の具体例を示し，実用的な回路についても考慮して

いる。

　執筆にあたっては，1コマ(1.5 h)×半期（10数回）程度の講義を想定している。章ごとの独立性に配慮して構成したため，講義等によってすでに理解している章を読み飛ばして進めることも可能である。また，理解を深めるための例題を随所に設け，理解度を確認するための演習問題を章ごとに用意した。これら問題の解法は，紙面の許す限りできるだけ丁寧に解説するよう心がけ，講義のみならず独習書としても十分に活用できるように考慮している。

　読者の方々が第一線で活躍されるとき，本書が少しでも役に立つことが著者にとっておおいなる喜びである。

　最後に，本書の執筆にあたり，さまざまな解法について検証していただいた土屋秀和博士をはじめ学生諸君ならびに発刊にあたって多大なるご尽力をいただいたコロナ社の皆さまに深く感謝の意を表する。

　2007年元旦　西伊豆にて

浅川　　毅

目　　　次

1　2進数と論理演算

1.1　2　　進　　数 ……………………………………………… *1*
1.2　基 数 の 変 換 ……………………………………………… *2*
1.3　負 数 の 表 現 ……………………………………………… *3*
1.4　論 理 演 算 ………………………………………………… *6*
演 習 問 題 …………………………………………………… *7*

2　ブール代数と論理ゲート

2.1　ブ ー ル 代 数 ……………………………………………… *8*
2.2　基本ゲート回路 …………………………………………… *10*
2.3　タイミングチャート ……………………………………… *12*
演 習 問 題 …………………………………………………… *14*

3　組合せ回路

3.1　エンコーダとデコーダ …………………………………… *15*
3.2　マルチプレクサとデマルチプレクサ …………………… *17*
3.3　加　算　器 ………………………………………………… *21*
演 習 問 題 …………………………………………………… *25*

4 標準形による論理の表現とカルノー図

4.1 最小項と最大項 …………………………………………………… 27
4.2 論理和標準形と論理積標準形 ……………………………………… 29
4.3 論理和標準形と論理積標準形との変換 …………………………… 32
4.4 カルノー図による表現 ……………………………………………… 32
演 習 問 題 ………………………………………………………………… 38

5 カルノー図による簡単化

5.1 論理和形に簡単化する方法 ………………………………………… 39
5.2 論理積形に簡単化する方法 ………………………………………… 41
5.3 ドント・ケア条件を含む場合の簡単化 …………………………… 43
演 習 問 題 ………………………………………………………………… 46

6 クワイン・マクラスキー法による簡単化

6.1 最小論理和形と最小論理積形 ……………………………………… 47
6.2 クワイン部による主項の導出 ……………………………………… 48
6.3 マクラスキー部による最小形の導出 ……………………………… 51
6.4 最小論理積形の場合 ………………………………………………… 54
6.5 マクラスキー部におけるドント・ケアの考慮 …………………… 55
6.6 ペトリック関数を用いた必須主項の選択 ………………………… 57
6.7 ペトリック関数におけるドント・ケアの考慮 …………………… 58
演 習 問 題 ………………………………………………………………… 61

7 順序回路

7.1 同期式順序回路と非同期式順序回路 …………………………………… 62
7.2 ラ　　ッ　　チ ……………………………………………………………… 63
7.3 フリップフロップ …………………………………………………………… 66
7.4 レジスタとシフトレジスタ ………………………………………………… 69
7.5 カ　ウ　ン　タ ……………………………………………………………… 72
演 習 問 題 ……………………………………………………………………… 77

8 組合せ回路の設計

8.1 機　能　設　計 ……………………………………………………………… 79
　8.1.1 機能設計手順 ………………………………………………………… 79
　8.1.2 全体ブロック図の作成 ……………………………………………… 79
　8.1.3 機　能　分　割 ……………………………………………………… 81
　8.1.4 機　能　の　表　現 ………………………………………………… 82
8.2 論　理　設　計 ……………………………………………………………… 82
　8.2.1 論理設計手順 ………………………………………………………… 82
　8.2.2 標準形を求める ……………………………………………………… 83
　8.2.3 簡　　単　　化 ……………………………………………………… 83
8.3 ゲート遅延の考慮 …………………………………………………………… 85
　8.3.1 ゲート遅延とは ……………………………………………………… 86
　8.3.2 ハ ザ ー ド と は ……………………………………………………… 86
　8.3.3 ハザードの検出 ……………………………………………………… 88
　8.3.4 ハザードの除去 ……………………………………………………… 90
演 習 問 題 ……………………………………………………………………… 94

9 同期式順序回路の設計

- 9.1 設 計 手 順 …………………………………………………… *95*
- 9.2 機 能 設 計 …………………………………………………… *96*
  - 9.2.1 全体ブロック図，機能表の作成 ………………………… *98*
  - 9.2.2 遷移図，遷移表の作成 …………………………………… *98*
  - 9.2.3 設 計 例 …………………………………………… *100*
- 9.3 論 理 設 計 …………………………………………………… *101*
  - 9.3.1 併 合 …………………………………………… *101*
  - 9.3.2 励起表，出力表の作成 …………………………………… *102*
  - 9.3.3 FF の 遷 移 表 …………………………………………… *103*
  - 9.3.4 駆 動 表 の 作 成 …………………………………………… *104*
  - 9.3.5 駆動関数，出力関数を求める ……………………………… *105*
- 演 習 問 題 ……………………………………………………………… *107*

10 非同期式順序回路の設計

- 10.1 設 計 手 順 …………………………………………………… *108*
- 10.2 機 能 設 計 …………………………………………………… *111*
  - 10.2.1 機能設計の流れ …………………………………………… *111*
  - 10.2.2 全体ブロック図，機能表の作成 ………………………… *111*
  - 10.2.3 遷移図，遷移表の作成 …………………………………… *112*
- 10.3 ラッチを使用しない論理設計 ……………………………………… *113*
  - 10.3.1 併 合 …………………………………………… *113*
  - 10.3.2 励起表，出力表の作成 …………………………………… *115*
  - 10.3.3 論理回路の作成 …………………………………………… *116*
- 10.4 ラッチを使用した論理設計 ………………………………………… *118*
  - 10.4.1 励起表，出力表の作成 …………………………………… *119*
  - 10.4.2 ラッチの遷移表 …………………………………………… *120*

10.4.3　駆動表の作成 …………………………………………………… *120*
　　　10.4.4　論理回路の作成 …………………………………………………… *124*
演　習　問　題 ……………………………………………………………………… *125*

11　順序回路の解析

11.1　同期式順序回路の解析 ……………………………………………………… *126*
　　　11.1.1　駆動関数の作成 …………………………………………………… *127*
　　　11.1.2　励起表，出力表の作成 …………………………………………… *128*
　　　11.1.3　遷移図，遷移表の作成 …………………………………………… *128*
　　　11.1.4　トラップの検出と対策 …………………………………………… *129*
11.2　非同期式順序回路の解析 …………………………………………………… *131*
　　　11.2.1　フィードバックループを特定する ……………………………… *132*
　　　11.2.2　励起表，出力表の作成 …………………………………………… *132*
　　　11.2.3　遷移図，遷移表の作成 …………………………………………… *133*
　　　11.2.4　ハザードの検出と対策 …………………………………………… *133*
　　　11.2.5　トラップの検出 …………………………………………………… *135*
演　習　問　題 ……………………………………………………………………… *136*

12　設計の具体例

12.1　組合せ回路の設計例 ………………………………………………………… *138*
　　　12.1.1　4入力1出力マルチプレクサ ……………………………………… *138*
　　　12.1.2　3ビットコンパレータ ……………………………………………… *140*
12.2　同期式順序回路の設計例 …………………………………………………… *142*
　　　12.2.1　2進サイコロ ………………………………………………………… *142*
　　　12.2.2　3ビットアップ・ダウンカウンタ ………………………………… *144*
12.3　非同期式順序回路の設計例―アービタ回路― …………………………… *147*
演　習　問　題 ……………………………………………………………………… *150*

引用・参考文献	152
演習問題解答	153
索　　　引	174

コーヒーブレイク

故障はだれ？	5
ブール代数	10
ちょっと役に立つ論理変換	23
論理ゲートを使おう	37
LSI 設計者とコックの会話	45
LSI 論理回路のテスト	60
同期式順序回路のタイミングチャート	74
遅延時間を利用しよう	92
バグの存在	106
PDCA をまわせ	124
KKD	135
知的コーヒーミル	151

2進数と論理演算   1

コンピュータに代表されるディジタル機器の内部では，すべての情報が"0"と"1"の二つの状態で表現されている。この"0"と"1"の二つの状態を **2値**（**論理値**）と呼び，電気的には電圧の高・低に対応するディジタル信号として扱われる。本章では，2値を用いた情報の表現として2進数と論理演算について述べる。

1.1 2 進 数

われわれが日常扱っている **10進数**(decimal number)は，0から9までの10種類の記号の組合せで数を表現し，n桁目の位は10^{n-1}の重みを持つ（**図 1.1**）。

		100	10	1	0.1	0.01	0.001	
10^n	⋯	10^2	10^1	10^0	10^{-1}	10^{-2}	10^{-3}	⋯

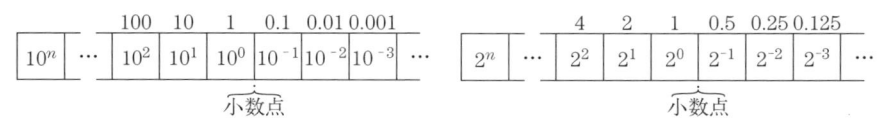

小数点

		4	2	1	0.5	0.25	0.125	
2^n	⋯	2^2	2^1	2^0	2^{-1}	2^{-2}	2^{-3}	⋯

小数点

    図 1.1 10進数の位   図 1.2 2進数の位

例えば，数値329.45は，$3\times10^2+2\times10^1+9\times10^0+4\times10^{-1}+5\times10^{-2}$で構成されている。これに対して，論理回路では **2進数**（binary number）で数が扱われる。2進数は，0と1の2種類の記号の組合せで数を表現し，n桁目の位は，2^{n-1}の重みを持つ（**図 1.2**）。

例えば，10101.101は，$1\times2^4+0\times2^3+1\times2^2+0\times2^1+1\times2^0+1\times2^{-1}+0\times2^{-2}+1\times2^{-3}$で構成され，10進数に直すと21.625となる。

2進数の1桁分を **1ビット**（bit）と呼び，8ビット分をまとめて **1バイト**（byte）という単位で扱う。また，最上位ビットを **MSB**（most significant bit），最下位ビットを **LSB**（least significant bit）と呼ぶ。

1. 2進数と論理演算

例題 1.1 10進数の8桁で表現可能な数の個数を求めよ。

解答例 10進数1桁で10通りの状態が表現できる。したがって8桁の場合は，$10^8 = 100\,000\,000$（1億）通り表現可能となる。

例題 1.2 2進数の8桁で表現可能な数の個数を求めよ。

解答例 2進数1桁で2通りの状態が表現できる。したがって8桁の場合は，$2^8 = 256$通り表現可能となる。

1.2 基数の変換

10進数における"10"や2進数における"2"などは，各位に対する基の数として，**基数**（radix）と呼ばれる。論理回路では，2進数以外に**8進数**（octal number）や**16進数**（hexadecimal number）が使われる。16進数では，0から9，AからFの16種類の記号を用いて数を表現し，0〜Fの1桁が2進数の4桁0000〜1111に対応しているため，2進数を16進表記として示すことが多い。例えば，2進数101101は，下位4桁1101を16進数Dに，上位2桁10を4桁0010として16進数2に対応させ，16進数2Dとして示す。

表1.1に10，2，16進数の対応を示す。

表1.1 10，2，16進数の対応

10進数	2進数	16進数	10進数	2進数	16進数	10進数	2進数	16進数
17	10001	11	5	101	5	0.5625	0.1001	0.9
16	10000	10	4	100	4	0.5	0.1000	0.8
15	1111	F	3	11	3	0.4375	0.0111	0.7
14	1110	E	2	10	2	0.375	0.0110	0.6
13	1101	D	1	1	1	0.3125	0.0101	0.5
12	1100	C	⋮	⋮	⋮	0.25	0.0100	0.4
11	1011	B	0.9375	0.1111	0.F	0.1875	0.0011	0.3
10	1010	A	0.875	0.1110	0.E	0.125	0.0010	0.2
9	1001	9	0.8125	0.1101	0.D	0.0625	0.0001	0.1
8	1000	8	0.75	0.1100	0.C	⋮	⋮	⋮
7	111	7	0.6875	0.1011	0.B	0	0	0
6	110	6	0.625	0.1010	0.A			

例題 1.3 75 を 2 進数と 16 進数に変換せよ。

解答例 図 1.3 に示すように 2 進数の各桁の重みを考え，75 は 64＋8＋2＋1 であることより，2 進数 1001011 を求める。2 進数を LSB より 4 ビットごとに区切り，100 を 16 進数 4 に，1011 を 16 進数 B に変換し，4 B を求める。

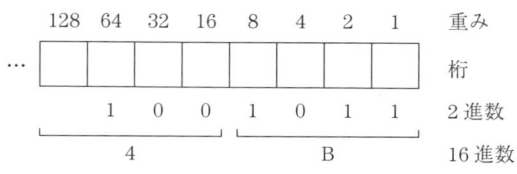

図 1.3　2 進数，16 進数への変換

例題 1.4 2 進数 1010.101 を 10 進数と 16 進数に変換せよ。

解答例 整数部と小数部に分けて考える。整数部 1010 は 10 進数で 8＋2＝10，16 進数で A となる。小数部 101 は，10 進数で 0.5＋0.125＝0.625，16 進数では 4 桁 1010 と考えて A となる。これより，10 進数 10.625，16 進数 A.A が求められる。

1.3 負数の表現

n ビットの 2 進数で表現できる数の組合せは 2^n 通りであり，絶対値として割り当てると $0 \sim 2^n - 1$ までの数が表現できる。これに対して負数を表現する場合は，符号を配慮して，符号＋絶対値表現，1 の補数表現，2 の補数表現，バイアス表現などの方法が用いられる。

（1）**符号＋絶対値**（sign-magnitude）**表現** n ビットのうち 1 ビットを符号として，残りの $n-1$ ビットを数値として用いる。したがって，表現できる数の範囲は，$-(2^{n-1}-1) \sim (2^{n-1}-1)$ となる。

（2）**1 の補数**（one's-complement）**表現** それぞれの桁のビットを 1 から引くことによって 1 の補数を求める。結果的には，各ビット値が反転されたものとなる。n ビットで表現できる数の範囲は，$-(2^{n-1}-1) \sim (2^{n-1}-1)$ となる。

(3) 2の補数（two's-complement）表現　1の補数に1を加えたものを2の補数と呼ぶ。nビットで表現できる数の範囲は，$-(2^{n-1})\sim(2^{n-1}-1)$となる。2の補数の加算によって減算を実現できる面や，符号ビットと数値ビットを区別せずに扱えることから多くの演算回路で用いられている。

(4) バイアス（bias）表現　**ゲタ履き表現**とも呼ばれ，バイアスを数値に加え0以上の数値として表す。正と負の表現範囲を合わせるため，通常は，nビット表現時にバイアス2^{n-1}を加える。この場合，表現できる数の範囲は，$-(2^{n-1})\sim(2^{n-1}-1)$となる。

例題 1.5　つぎに示す2進数による数値の表現法について，8ビットで表現できる数の範囲を示せ。
（1）絶対値表現　（2）符号＋絶対値表現　（3）1の補数表現
（4）2の補数表現　（5）バイアス表現

解答例　表1.2参照。

表1.2　2進数による数値の表現法（$n=8$ビット）

10進数	2進数による表現法			
	符号＋絶対値	1の補数	2の補数	バイアス
127	01111111	01111111	01111111	11111111
126	01111110	01111110	01111110	11111110
125	01111101	01111101	01111101	11111101
124	01111100	01111100	01111100	11111100
⋮	⋮	⋮	⋮	⋮
3	00000011	00000011	00000011	10000011
2	00000010	00000010	00000010	10000010
1	00000001	00000001	00000001	10000001
0	00000000 10000000	00000000 11111111	00000000	10000000
−1	10000001	11111110	11111111	01111111
−2	10000010	11111101	11111110	01111110
−3	10000011	11111100	11111101	01111101
⋮	⋮	⋮	⋮	⋮
−125	11111101	10000010	10000011	00000011
−126	11111110	10000001	10000010	00000010
−127	11111111	10000000	10000001	00000001
−128	—	—	10000000	00000000

（1） $0 \sim 255 : 0 \sim 2^n - 1$　　　（2） $-127 \sim 127 : -(2^{n-1}-1) \sim (2^{n-1}-1)$
（3） $-127 \sim 127 : -(2^{n-1}-1) \sim (2^{n-1}-1)$　　　（4） $-128 \sim 127 : -(2^{n-1}) \sim (2^{n-1}-1)$　　　（5） $-128 \sim 127 : -(2^{n-1}) \sim (2^{n-1}-1)$

コーヒーブレイク

「故障はだれ？」

　新開発のシステムボード上でマイクロプロセッサさん，メモリさん，FPGAさんのLSI3人衆が言い争っています。どうやらそのうちのだれかが故障しているようです。彼らの言い分を聞くと

　マイクロプロセッサさん：「メモリさんが故障しています」
　メモリさん：「いやいやマイクロプロセッサさんこそ故障しています」
　FPGAさん：「マイクロプロセッサさんは故障していませんよ」

　ここで，故障している人は間違えて発言しています。さて，故障しているのはだれでしょうか？

ヒント

　故障＝0，正常＝1のすべての組合せを仮定し，3人の発言に矛盾がないときを探します。

こたえ

　表より，マイクロプロセッサさんとFPGAさんの二人，またはメモリさん一人が故障しているときに限定できます。

表　故障の状況と発言の信憑性

	故障の状況（仮定）			発言の信憑性		
	マイクロプロセッサ	メモリ	FPGA	マイクロプロセッサ	メモリ	FPGA
	0	0	0	×	×	○
	0	0	1	×	×	×
◎	0	1	0	○	○	○
	0	1	1	○	○	×
	1	0	0	○	○	×
◎	1	0	1	○	○	○
	1	1	0	×	×	×
	1	1	1	×	×	○

1.4 論理演算

数値計算において，+，−，×，÷などの四則演算が使われるのと同様に，論理回路では論理演算が用いられる。論理演算で扱われる数を**論理値**，変数を**論理変数**という。また，論理変数およびその否定を**リテラル**（literal）と呼ぶ。論理変数が A の場合，リテラルは，A または $\overline{A}$ となる。

論理演算の基本として，**AND，OR，NOT** がある。これら演算を論理変数 A, B, Y を用いて説明する。

（1）　**AND（論理積）**　　$Y = A$ AND B では，演算対象 A と B がともに 1 である場合に結果 Y を 1 とし，そうでない（どちらかが 0 の）場合は結果 Y を 0 とする論理演算である。AND は記号「・」や「∧」で示される。

（2）　**OR（論理和）**　　$Y = A$ OR B では，演算対象 A または B が 1 である場合に結果 Y を 1 とし，そうでない（いずれも 0 の）場合は結果 Y を 0 とする論理演算である。OR は記号「+」や「∨」で示される。

（3）　**NOT（否定）**　　$Y = $ NOT A では，演算対象 A が 1 の場合は結果 Y を 0 とし，A が 0 の場合は結果 Y を 1 とする（反転する）論理演算である。NOT は論理変数にバー記号「￣」を添えて示す。

例題 1.6　論理変数 A と B の論理演算を考える。各変数がとり得る状態は 1 と 0 の 2 通りなので，すべての状態を AB の並びとして表すと，00，01，10，11 の 4 通りとなる。つぎに示す論理演算に関して，これら 4 通りの状態に対する結果を求め，表に示せ。
　（1）　$Y = A \cdot B$　　（2）　$Y = A + B$

解答例　（1）の AND 演算結果と（2）の OR 演算結果を**表 1.3** に示す。このように論理演算に関するすべての状態を表にまとめたものを**真理値表**（truth table）と呼ぶ。真理値表では，n 個の入力変数に対して 2^n 行を必要とする。

表 1.3 AND 演算と OR 演算の真理値表

(a) AND 演算

A	B	Y
0	0	0
0	1	0
1	0	0
1	1	1

(b) OR 演算

A	B	Y
0	0	0
0	1	1
1	0	1
1	1	1

演 習 問 題

1. 絶対値表現の 2 進数を 10 進数に変換せよ。
   (1) 10101110 (2) 11010110 (3) 11111111 (4) 10011001
2. 10 進数を絶対値表現の 2 進数に変換せよ。
   (1) 87 (2) 111 (3) 170 (4) 300
3. 2 の補数表現(8 桁)の符号付き 2 進数を 10 進数に変換せよ。
   (1) 10101101 (2) 01011101 (3) 11001100 (4) 10101010
4. 表 1.2 の各表現法を使用し,10 進数 −250 を 10 桁の 2 進数で示せ。
   (1) 符号+絶対値表現 (2) 1 の補数表現 (3) 2 の補数表現
   (4) バイアス表現(2^9 をバイアスとする)
5. 論理変数 A, B, Y において $A=1, B=0$ のとき,以下の論理演算結果 Y を求めよ。
   (1) $Y = \overline{A} + \overline{B} + (\overline{A} \cdot \overline{B})$ (2) $Y = \overline{\overline{A} + \overline{B}}$
6. 論理変数 D, E, X を使用し,$D=0, E=1$ のときのみ演算結果が $X=0$ となる論理式を示せ。
7. 半導体メモリのデータ格納位置(アドレス)は,n ビットのアドレス信号の状態組合せによって指定される。以下の問いに答えよ。
   (1) 8 ビットのアドレス信号で扱うことのできるアドレス Y の範囲を求めよ。
   (2) 0 番地から 1 万番地のアドレスを表現するためには,最低何ビットのアドレス信号を必要とするか求めよ。

ブール代数と論理ゲート 2

論理を表現する方法として，論理式，図記号，表，波形図などが使われる。本章では論理式を示すブール代数とその基本定理について述べた後，論理回路を構成する基本要素である論理ゲートについて説明する。

2.1 ブール代数

ブール代数（Boolean algebra）は，19世紀のイギリスの数学者ジョージ・ブール（George Boole）によって研究された理論である。その後，1983年に米国マサチューセッツ工科大学（MIT）のシャノン（C. E. Shannon）がスイッチング理論にブール代数を応用した修士論文を書き，論理設計の基礎理論として発展した。現在では，ブール代数の一部がスイッチング理論における数学的手法として用いられている。

以下にブール代数におけるおもな定理を論理変数 X, Y, Z を使用して示す。これら諸定理において，式の AND と OR，1 と 0 をすべて置き換えた場合も定理が成立する。このことを**双対性**と呼ぶ。また，論理式での論理演算順序は，（　）を優先し，OR 演算より AND 演算を優先する。

① 単位元（恒等元）
$X+1=1$ 　　　$X \cdot 0=0$
$X+0=X$ 　　　$X \cdot 1=X$

② べき等律
$X+X=X$ 　　　$X \cdot X=X$

③ 交換律
$X+Y=Y+X$ 　　$X \cdot Y=Y \cdot X$

④　結合律

$(X+Y)+Z = X+(Y+Z)$

$(X \cdot Y) \cdot Z = X \cdot (Y \cdot Z)$

⑤　補元律

$X + \overline{X} = 1 \qquad X \cdot \overline{X} = 0$

⑥　分配律

$X \cdot (Y+Z) = X \cdot Y + X \cdot Z$

$X + Y \cdot Z = (X+Y) \cdot (X+Z)$

⑦　吸収律

$X + X \cdot Y = X$

$X \cdot (X+Y) = X$

⑧　対合律

$\overline{\overline{X}} = X$

⑨　ド・モルガン（De Morgan）の法則

$\overline{X \cdot Y} = \overline{X} + \overline{Y}$

$\overline{X+Y} = \overline{X} \cdot \overline{Y}$

ブール代数の諸定理を用いることにより，論理形態の変更や論理を簡単にすることができる．しかし，論理規模が大きくなる場合は計算が複雑化するため人手での作業には限界がある．

例題 2.1　ブール代数を使用して，つぎの式を証明せよ．

$(X+Y) \cdot (\overline{X \cdot Y}) = X \cdot \overline{Y} + \overline{X} \cdot Y$

解答例

$(X+Y) \cdot (\overline{X \cdot Y})$

$= (X+Y) \cdot (\overline{X} + \overline{Y})$　　　　ド・モルガンの法則

$= X \cdot (\overline{X} + \overline{Y}) + Y \cdot (\overline{X} + \overline{Y})$　　　　分配律

$= X \cdot \overline{X} + X \cdot \overline{Y} + Y \cdot \overline{X} + Y \cdot \overline{Y}$　　　　分配律

$= 0 + X \cdot \overline{Y} + Y \cdot \overline{X} + 0$　　　　補元律

$= X \cdot \overline{Y} + \overline{X} \cdot Y$　　　　単位元

2.2 基本ゲート回路

基本的な論理として，1.4節で取り上げたAND，OR，NOTのほか，NAND，NOR，EXOR，EXNORが定められている。これらは**論理ゲート**と呼ばれ，ブール代数や真理値表や図記号（シンボル）として定義されている。

表2.1〜表2.3に論理ゲートを示す。表2.2の**NAND，NOR**はそれぞれANDとNORの出力にNOTを付加した論理と等価である。表2.3の**EXOR**（**EXNOR**）は，入力状態の組合せが異なるときのみに出力を1（0）とする。

コーヒーブレイク

「ブール代数」

「ブール代数」は，論理回路の学びの中で必ずどこかで耳にする言葉です。もちろん，本書でも取り上げていますが，もともとは論理回路のために考え出された理論ではありませんでした。ブール代数は，1815年に生まれたイギリスの数学者ジョージ・ブール（George Boole）によって，2値の論理を展開して代数的に扱う記号論理学として提唱されました。これまで哲学などと同様の分野で扱われていた論理学を数式で扱うという画期的なものでしたが，微分方程式や差分法などにおける彼の業績と比べるとそれほど注目されませんでした。しかし，1864年にブールが没した後の1983年にアメリカの数学者シャノン（C. E. Shannon：1916〜2001）によってブール代数を電気回路に応用した修士論文「A Symbolic Analysis of Relay Switching Circuits」が発表され，論理回路の基礎理論としての地位を得ることになったのです（シャノンは「シャノンの定理」や情報理論の考案者としても有名な学者です）。

2.2 基本ゲート回路

表 2.1 AND, OR, NOT ゲート

	AND（アンド）	OR（オア）	NOT（ノット）
図記号	$A, B \to Y$	$A, B \to Y$	$A \to Y$
論理式	$Y = A \cdot B$	$Y = A + B$	$Y = \overline{A}$
真理値表	$A\ B\ \|\ Y$ $0\ 0\ \|\ 0$ $0\ 1\ \|\ 0$ $1\ 0\ \|\ 0$ $1\ 1\ \|\ 1$	$A\ B\ \|\ Y$ $0\ 0\ \|\ 0$ $0\ 1\ \|\ 1$ $1\ 0\ \|\ 1$ $1\ 1\ \|\ 1$	$A\ \|\ Y$ $0\ \|\ 1$ $1\ \|\ 0$

表 2.2 NAND, NOR ゲート

	NAND（ナンド）	NOR（ノア）
図記号	$A, B \to Y$	$A, B \to Y$
論理式	$Y = \overline{A \cdot B}$	$Y = \overline{A + B}$
真理値表	$A\ B\ \|\ Y$ $0\ 0\ \|\ 1$ $0\ 1\ \|\ 1$ $1\ 0\ \|\ 1$ $1\ 1\ \|\ 0$	$A\ B\ \|\ Y$ $0\ 0\ \|\ 1$ $0\ 1\ \|\ 0$ $1\ 0\ \|\ 0$ $1\ 1\ \|\ 0$
等価論理	AND + NOT → Y	OR + NOT → Y

表 2.3 EXOR, EXNOR ゲート

	EXOR（イクスクルーシブオア）	EXNOR（イクスクルーシブノア）
図記号	$A, B \to Y$	$A, B \to Y$
論理式	$Y = A \oplus B$	$Y = \overline{A \oplus B}$
真理値表	$A\ B\ \|\ Y$ $0\ 0\ \|\ 0$ $0\ 1\ \|\ 1$ $1\ 0\ \|\ 1$ $1\ 1\ \|\ 0$	$A\ B\ \|\ Y$ $0\ 0\ \|\ 1$ $0\ 1\ \|\ 0$ $1\ 0\ \|\ 0$ $1\ 1\ \|\ 1$
等価論理	（NOT, AND, OR 組合せ回路）	（NOT, OR, AND 組合せ回路）

AND，OR，NAND，NOR は図 2.1 に示すように 3 入力以上の論理を扱う（多入力）ことができる。

(a) 4入力 AND (b) 4入力 OR

図 2.1 多入力ゲートの例

例題 2.2 図 2.2(a)，(b)それぞれの論理回路が示す論理を，論理ゲート名で答えよ。

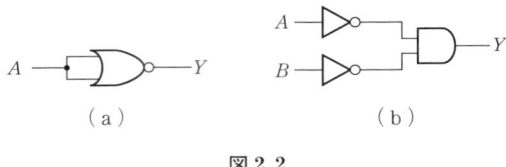

(a) (b)

図 2.2

解答例
(a) NOT ($Y = \overline{A}$)
(b) NOR ($Y = \overline{A+B}$)

2.3 タイミングチャート

タイミングチャートは，論理回路の入出力状態を時間軸に従って示したもので，視覚的に信号を扱うことができる。図 2.3 に EXOR を実現する論理回路を示す。入力を A, B，出力を Y，内部節点を α および β と定める。この回

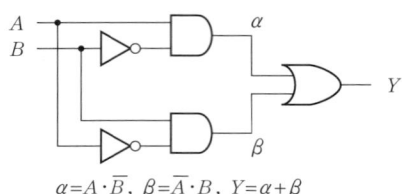

$\alpha = A \cdot \overline{B},\ \beta = \overline{A} \cdot B,\ Y = \alpha + \beta$

図 2.3 EXOR を実現する論理回路

路がEXORを実現することを図2.4に示すタイミングチャートによって確認する。まず、内部節点を考えると $\alpha = A \cdot \overline{B}$, $\beta = \overline{A} \cdot B$ となる。出力 $Y = \alpha + \beta$ は、タイミングチャートの α と β のORとして示され、入力 A と B のEXOR論理であることがわかる。

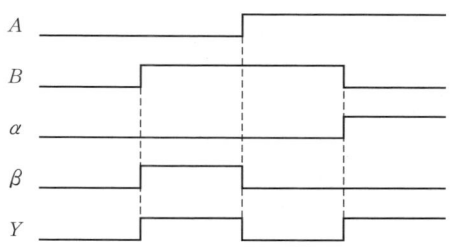

図2.4 タイミングチャート（図2.3の回路）

例題2.3　図2.5(a)に示す論理回路の入力 A と B に、図(b)のタイミングを与えた場合の出力 Y をタイミングチャートに示せ。

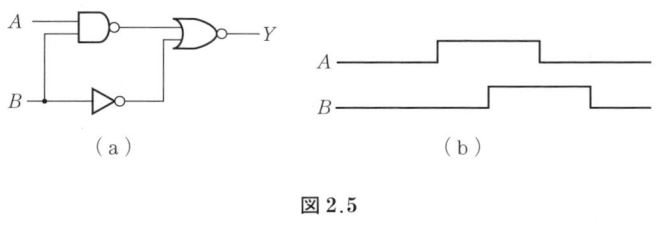

図2.5

解答例　出力 Y のタイミングチャートを図2.6に示す。

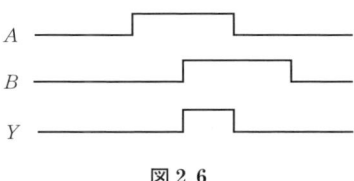

図2.6

演習問題

1. ブール代数を使用して，つぎの式を証明せよ。
   (1) $X + \overline{X} \cdot Y = X + Y$
   (2) $\overline{X + Y \cdot \overline{\overline{Z}}} = \overline{X} \cdot \overline{Y} + \overline{X} \cdot Z$
   (3) $(X + Y) \cdot \overline{(\overline{X} \cdot \overline{Y} + Z)} + X \cdot \overline{Z} + Y = X + Y$

2. 図 2.7 に示す論理回路の真理値表を作成せよ。

3. 図 2.8 に示す論理回路に関するタイミングチャートを完成せよ。

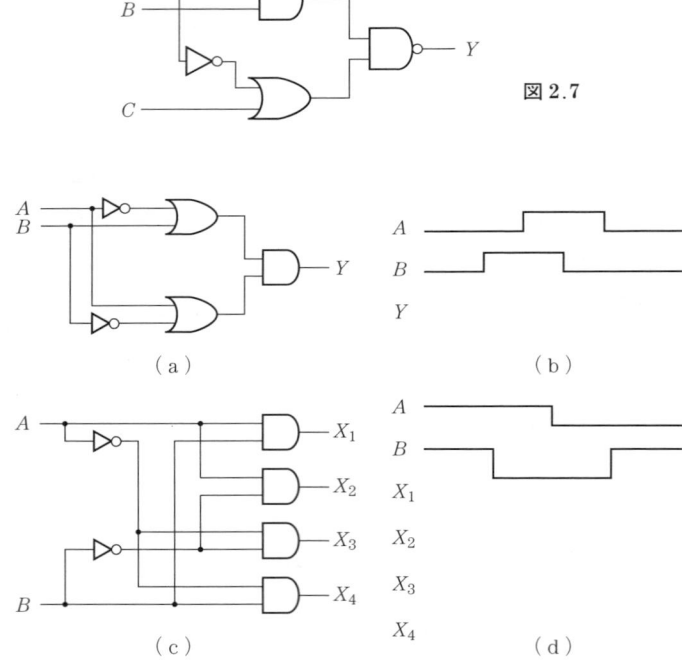

図 2.7

図 2.8

組合せ回路 3

組合せ回路とは，入力状態に対して出力状態が一意的に決定される回路である。すなわち，同じ入力状態に対しては必ず対応した出力状態となる。本章では代表的な組合せ回路を取り上げ，その回路構成と動作や機能について述べる。

3.1 エンコーダとデコーダ

エンコーダ（encoder）は，入力信号を符号化して出力するものであり，例えば，キーボードや入力装置の信号をコード化する用途に使用される。図3.1に10進-2進エンコーダの構成を示す。10進数の1から9に対応する入力を$X_1 \sim X_9$，出力を4ビットの2進数（$Y_3 Y_2 Y_1 Y_0$）とし，入力のどれか一つを1とした場合，その入力に対応する2進符号を出力する。

表3.1に図3.1のエンコーダの真理値表を示す。真理値表において，表記d

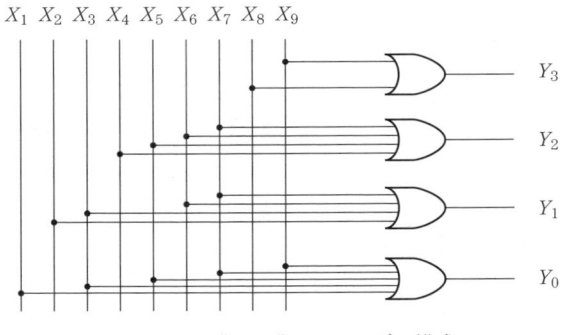

図3.1 10進-2進エンコーダの構成

3. 組合せ回路

表 3.1 真理値表（10進-2進エンコーダ）

X_9	X_8	X_7	X_6	X_5	X_4	X_3	X_2	X_1	Y_3	Y_2	Y_1	Y_0
0	0	0	0	0	0	0	0	0	0	0	0	0
0	0	0	0	0	0	0	0	1	0	0	0	1
0	0	0	0	0	0	0	1	0	0	0	1	0
0	0	0	0	0	0	1	0	0	0	0	1	1
0	0	0	0	0	1	0	0	0	0	1	0	0
0	0	0	0	1	0	0	0	0	0	1	0	1
0	0	0	1	0	0	0	0	0	0	1	1	0
0	0	1	0	0	0	0	0	0	0	1	1	1
0	1	0	0	0	0	0	0	0	1	0	0	0
1	0	0	0	0	0	0	0	0	1	0	0	1
				⋮								
1	1	1	1	1	1	1	1	1			d	

はドント・ケア（don't care）を示し，0でも1でもかまわないことを意味する。図 3.1 では，想定していない複数の同時1入力に対して，出力をドント・ケアに割り当てている。

デコーダ（decoder）はエンコーダとは逆に，符号化された信号を復元するものであり，例えば，CPU 内の命令の解読や回路の選択などに使用される。図 3.2 に 2 進 - 10 進デコーダの構成を示す。4 ビットの 2 進数（$X_3 X_2 X_1 X_0$）に対応した 0〜9 の 10 進数値を出力 Y_0〜Y_9 に復元する。

表 3.2 に図 3.2 のデコーダの真理値表を示す。表 3.1 と同様に無効入力状態に対する出力をドント・ケアとする。

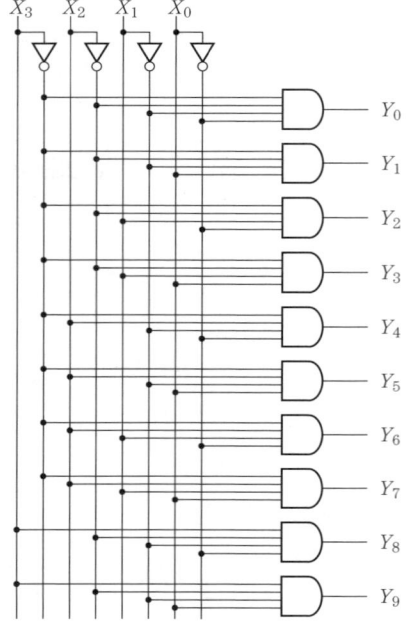

図 3.2 2 進 - 10 進デコーダの構成

表 3.2 真理値表（2進‑10進デコーダ）

X_3	X_2	X_1	X_0	Y_9	Y_8	Y_7	Y_6	Y_5	Y_4	Y_3	Y_2	Y_1	Y_0
0	0	0	0	0	0	0	0	0	0	0	0	0	1
0	0	0	1	0	0	0	0	0	0	0	0	1	0
0	0	1	0	0	0	0	0	0	0	0	1	0	0
0	0	1	1	0	0	0	0	0	0	1	0	0	0
0	1	0	0	0	0	0	0	0	1	0	0	0	0
0	1	0	1	0	0	0	0	1	0	0	0	0	0
0	1	1	0	0	0	0	1	0	0	0	0	0	0
0	1	1	1	0	0	1	0	0	0	0	0	0	0
1	0	0	0	0	1	0	0	0	0	0	0	0	0
1	0	0	1	1	0	0	0	0	0	0	0	0	0
⋮	⋮	⋮	⋮										
1	1	1	1					d					

例題 3.1 図 3.2 を拡張して 4 ビットの 2 進‑16 進デコーダを構成する場合，出力段の AND はいくつ必要となるか．

解答例 4 ビットで表現できる 16 進数は，0〜F までの 16 通りである．したがって，出力段の AND は 16 個必要となる．

3.2 マルチプレクサとデマルチプレクサ

マルチプレクサ（multiplexer）は**データセレクタ**とも呼ばれ，複数の入力より一つを選択して出力するものである．**図 3.3** にマルチプレクサの概念図を示す．

4 入力 1 出力マルチプレクサの構成を**図 3.4**，真理値表を**表 3.3** に示す．選択信号 A, B の状態の組合せにより $D_0 \sim D_3$ のデータを選択し，出力 F へ伝達する．図 3.4(a) は，デコーダ部と入力選択部を分離して構成したものであり，デコーダ部では，出力選択を行うための選択信号 $S_0 \sim S_3$ を生成する．図 3.4(b) にデコー

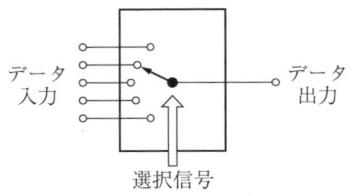

図 3.3 マルチプレクサの概念図

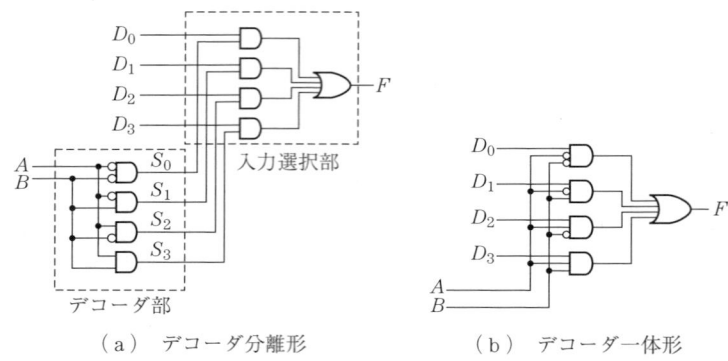

(a) デコーダ分離形　　　　　(b) デコーダ一体形

図 3.4　4入力1出力マルチプレクサの構成

表 3.3　真理値表
(4入力1出力マルチプレクサ)

A	B	D_0	D_1	D_2	D_3	F
0	0	0	d	d	d	0
0	0	1	d	d	d	1
0	1	d	0	d	d	0
0	1	d	1	d	d	1
1	0	d	d	0	d	0
1	0	d	d	1	d	1
1	1	d	d	d	0	0
1	1	d	d	d	1	1

ダ部と入力選択部を一体化して構成したものを示す。

例題 3.2　図 3.4(a) に示したデコーダ分離形のマルチプレクサを拡張し, 8入力マルチプレクサを設計する場合のデコーダ部の回路を示せ。

解答例　8入力の場合, デコーダ出力（選択信号）は8本必要となる。したがって $\log_2 8 = 3$ の入力のデコーダを構成する（図 3.5）。

デマルチプレクサ（demultiplexer）はマルチプレクサとは逆に, 複数の出力より選択した一つに入力を伝達する。出力の選択には選択信号が用いられる。1入力4出力デマルチプレクサの構成を**図 3.6**に, 真理値表を**表 3.4**に示す。マルチプレクサと同様にデコーダ部を分離して構成することもできる。デコー

3.2 マルチプレクサとデマルチプレクサ

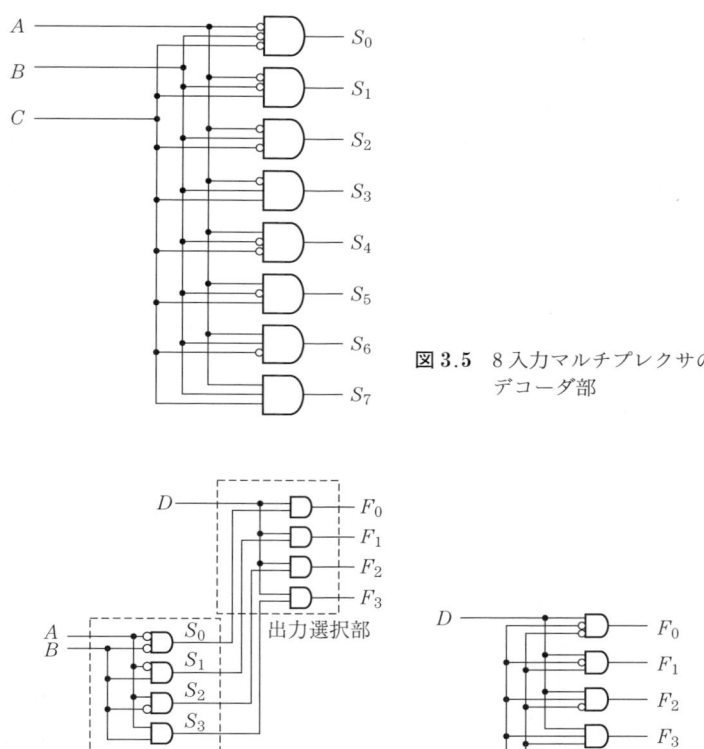

図 3.5 8 入力マルチプレクサのデコーダ部

(a) デコーダ分離形   (b) デコーダ一体形

図 3.6 1 入力 4 出力デマルチプレクサの構成

表 3.4 真 理 値 表
(1 入力 4 出力デマルチプレクサ)

A	B	D	F_0	F_1	F_2	F_3
0	0	0	0	0	0	0
0	0	1	1	0	0	0
0	1	0	0	0	0	0
0	1	1	0	1	0	0
1	0	0	0	0	0	0
1	0	1	0	0	1	0
1	1	0	0	0	0	0
1	1	1	0	0	0	1

20   3. 組合せ回路

ダ部を分離したものを図3.6(a)に，一体化したものを図3.6(b)に示す。

例題 3.3 図3.6(a)のデマルチプレクサにおいて，$A=0$, $B=1$, $D=1$ のとき，内部節点 S_0, S_1, S_2, S_3 および F_0, F_1, F_2, F_3 に出力される値をそれぞれ示せ。

解答例
内部節点 $S_0=0$, $S_1=1$, $S_2=0$, $S_3=0$
出　力 $F_0=0$, $F_1=1$, $F_2=0$, $F_3=0$

マルチプレクサやデマルチプレクサは，**多段接続**することにより扱う信号数を増やすことができる。あらたに設計し直す場合に比べて，多段接続は簡単に入出力数を拡張することができるが，回路規模や信号遅延が大きくなる欠点がある。図3.7(a)に8入力1出力マルチプレクサを，図(b)に1入力8出力デマルチプレクサを示す。

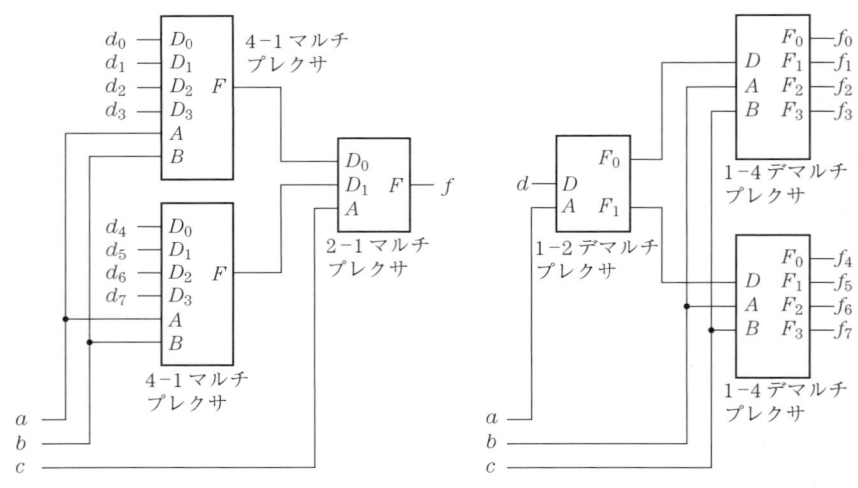

(a) 8入力1出力マルチプレクサ　　(b) 1入力8出力デマルチプレクサ

図3.7　多段接続による構成

3.3 加　算　器

図 3.8 に 2 進数の加算例を示す。2 進数の加算の場合も，10 進数の筆算と同様に**キャリー**（**桁上り**；carry）を次段へ加えながら演算を行う。

桁上り入力を考慮せずに 1 桁の 2 進数の加算を行う回路として**半加算器**（half adder）がある。半加算器を**図 3.9** に，真理値表を**表 3.5** に示す。図 3.9 の半加算器は，1 桁の 2 進数 A と B の加算結果を和 S と**桁上り出力**（carry out）C_{OUT} に出力する。

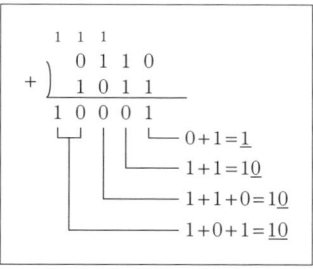

図 3.8　2 進数の加算例

2 桁以上の加算は前段からの桁上り入力を考慮する必要があるため，**図 3.10**

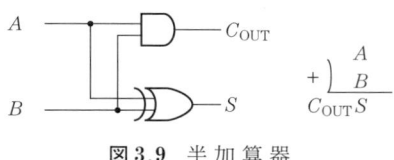

図 3.9　半　加　算　器

表 3.5　真 理 値 表
（半加算器）

A	B	C_{OUT}	S
0	0	0	0
0	1	0	1
1	0	0	1
1	1	1	0

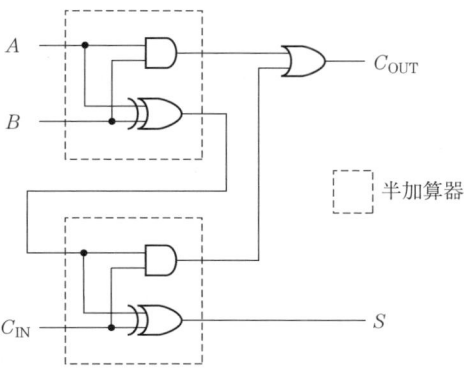

図 3.10　全　加　算　器

表 3.6　真 理 値 表
（全加算器）

A	B	C_{IN}	C_{OUT}	S
0	0	0	0	0
0	1	0	0	1
1	0	0	0	1
1	1	0	1	0
0	0	1	0	1
0	1	1	1	0
1	0	1	1	0
1	1	1	1	1

に示す**全加算器**（full adder）を用いる．図 3.10 の全加算器は，2 進入力 A, B に加えて前の桁からの**桁上り入力**（carry in）C_{IN} を備える．**表 3.6** に全加算器の真理値表を示す．

n 個の全加算器を多段接続することによって，n 桁の加算回路を実現する．**図 3.11** に 4 桁の加算回路を示す．4 桁の進数 $(a_3 a_2 a_1 a_0)$ と $(b_3 b_2 b_1 b_0)$ の和を $(c\, s_3 s_2 s_1 s_0)$ に求める．最下位ビットには桁上り入力がないので，半加算器を用いてもかまわないが，ここでは全加算器の C_{IN} に 0 を固定して半加算器として用いる．

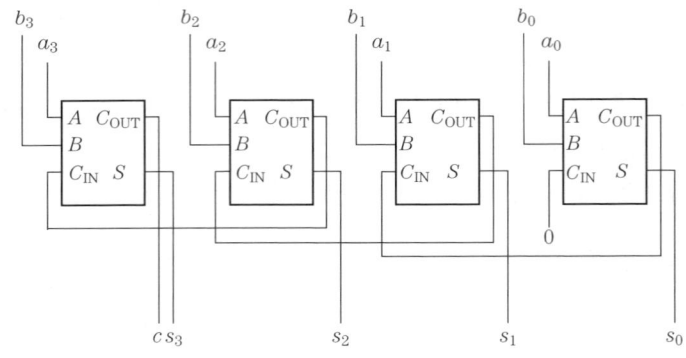

図 3.11 4 桁の加算回路

2 進数の減算は 2 の補数を用いた加算で実現される．このことを利用し，**図 3.12** に示す 4 桁の加減算回路を構成する．制御信号 A/S が 0 のときには，4 個の EXOR 回路は入力された論理値をそのまま出力し，最下位ビットの C_{IN} も 0 となるので，図 3.11 の回路と同様に 4 桁の加算回路として働く．一方，A/S が 1 のときは，EXOR の出力の論理は反転し，最下位ビットの C_{IN} には 1 が与えられる．この結果，入力 $(b_3 b_2 b_1 b_0)$ は 2 の補数表現の負数に変換されて全加算器に入力されることになり，$(a_3 a_2 a_1 a_0) - (b_3 b_2 b_1 b_0)$ の減算が行われる．

図 3.11 や図 3.12 の回路は，多段接続して構成するため，キャリー（桁上り）は LSB から MSB へ向けて順次決定される．この桁上り方式を**リプルキャリー**（ripple-carry）**方式**という．リプルキャリー方式では，段数が増えるにつれてキャリーの伝搬による遅延時間が増大してしまう．この遅延をおさ

3.3 加算器

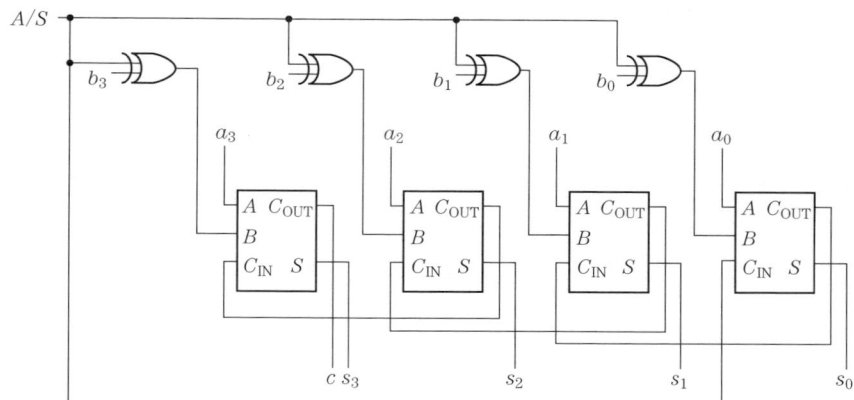

図 3.12 4 桁の加減算回路

コーヒーブレイク

「ちょっと役に立つ論理変換」

TTL や CMOS ロジックなどを使用して電子工作を行う際に，部品が足りなくなってしまったことはありませんか。そんなときに役に立つ論理の代用法を示します。図に示すように，すべての論理を 2 入力 NAND または 2 入力 NOR で構成することもできます。当然ながら，これらの論理変換のいずれもがブール代数で証明できるものです。

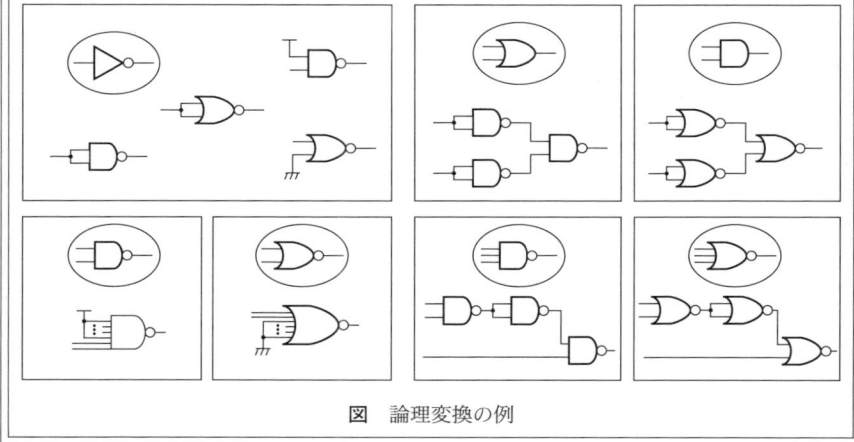

図 論理変換の例

える方法として**キャリールックアヘッド**（carry look ahead）方式が用いられる。この方式では，各桁の桁上りを並列に処理するため，回路は複雑になるがリプルキャリー方式に比べて高速に動作する。図 3.13 に 4 桁のキャリールックアヘッド方式を示し，$(a_3 a_2 a_1 a_0)$ と $(b_3 b_2 b_1 b_0)$ の加算時の，キャリー c_0, c_1, c_2, c_3 を論理式で示す。

$$
\begin{array}{r}
c_3 \; c_2 \; c_1 \; c_0 \\
a_3 \; a_2 \; a_1 \; a_0 \\
+)\; b_3 \; b_2 \; b_1 \; b_0 \\
\hline
c \;\; s_3 \; s_2 \; s_1 \; s_0
\end{array}
$$

$c_0 = a_0 \cdot b_0$
$c_1 = (a_1 \cdot b_1) + (a_1 + b_1) \cdot c_0$
　$= (a_1 \cdot b_1) + (a_1 + b_1) \cdot (a_0 + b_0)$
$c_2 = (a_2 \cdot b_2) + (a_2 + b_2) \cdot c_1$
　$= (a_2 \cdot b_2) + (a_2 + b_2) \cdot (a_1 + b_1) + (a_2 + b_2) \cdot (a_1 + b_1) \cdot (a_0 + b_0)$
$c = c_3 = (a_3 \cdot b_3) + (a_3 + b_3) \cdot c_2$
　$= (a_3 \cdot b_3) + (a_3 + b_3) \cdot (a_2 + b_2) + (a_3 + b_3) \cdot (a_2 + b_2) \cdot (a_1 + b_1)$
　$+ (a_3 + b_3) \cdot (a_2 + b_2) \cdot (a_1 + b_1) \cdot (a_0 + b_0)$

図 3.13　キャリールックアヘッド方式（4桁）

例題 3.4　図 3.14 に示す論理回路が全加算器であることを確認せよ。

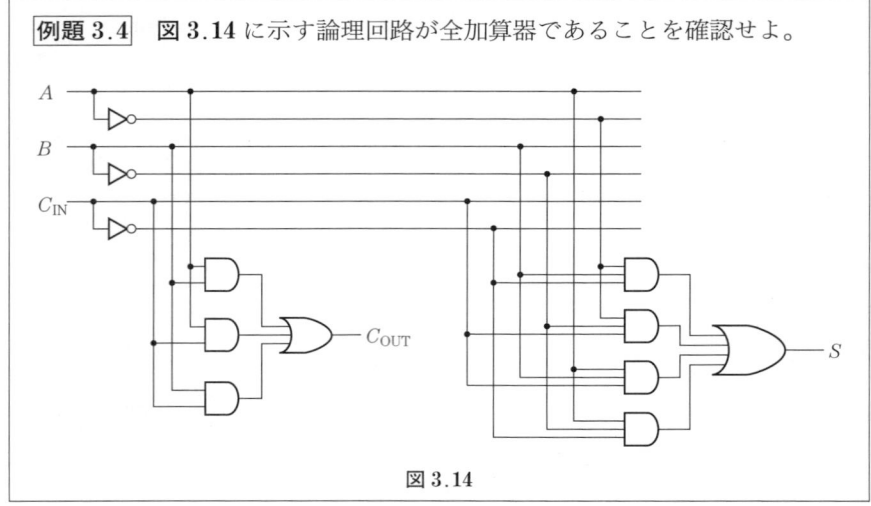

図 3.14

演 習 問 題　25

解答例　図 3.14 の回路図より以下の論理式および表 3.6 の真理値表が求められ，全加算器であることが確認される．

$$C_{OUT} = A \cdot B + A \cdot C_{IN} + B \cdot C_{IN}$$
$$S = \overline{A} \cdot B \cdot \overline{C_{IN}} + A \cdot B \cdot C_{IN} + \overline{A} \cdot \overline{B} \cdot C_{IN} + A \cdot \overline{B} \cdot \overline{C_{IN}}$$

演 習 問 題

1. 図 3.11 と図 3.13 において，キャリー C の最大生成段数を求め比較せよ．ただし，構成に使われる AND, OR, EXOR の各ゲートを一段と数える．
2. マルチプレクサにおいて，デコーダ部を一体化したものと分離したものとを比較して，それぞれの利点を述べよ．
3. 図 3.15, 図 3.16 に示す論理回路におけるタイミングチャートを完成させよ．

（1）

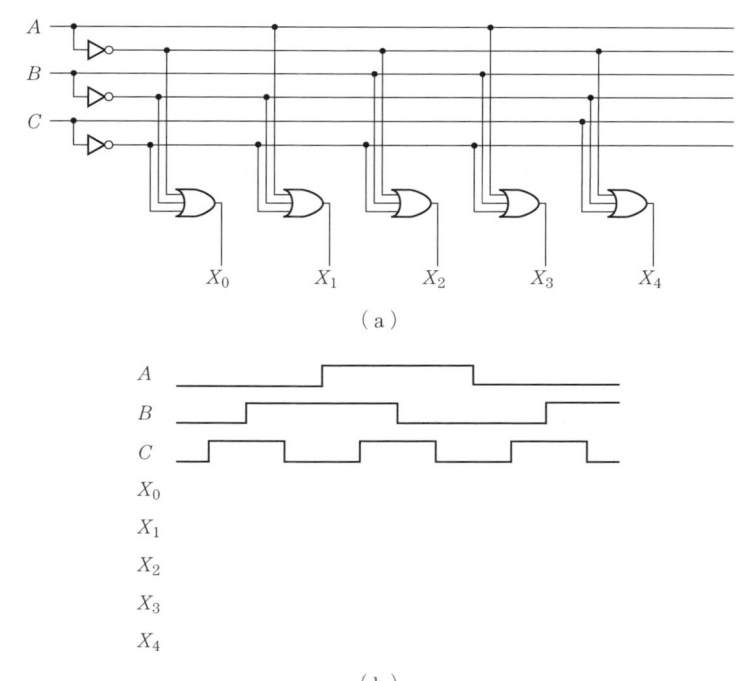

(a)

(b)

図 3.15

(2)

(a)

(b)

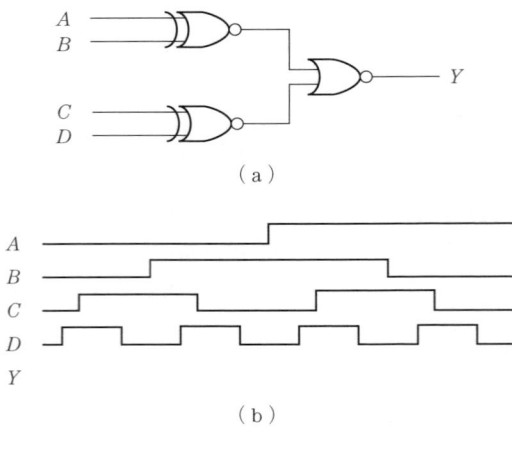

図 3.16

4 図 3.17, 図 3.18 に示す論理回路の真理値表を作成せよ。

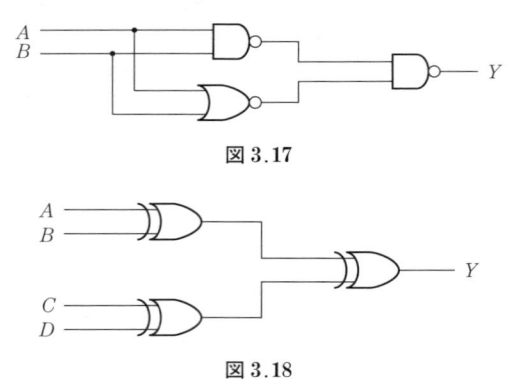

図 3.17

図 3.18

標準形による論理の表現とカルノー図 4

組合せ回路は，与えられた入力状態に対して出力状態が決定される論理回路であるが，同一の論理を実現する回路は無数に存在する。そのため，コストや性能の面からできるだけ無駄のない設計にすることが望まれる。論理の無駄（冗長）をなくしてできるだけ簡単な回路構成にすることを簡単化という。本章では組合せ回路の簡単化に用いられる論理の表現法として，標準形とカルノー図について述べる。

4.1 最小項と最大項

簡単化の際に有効となる論理の表現法として**標準形**がある。標準形には，最小項を扱う論理和標準形と最大項を扱う論理積標準形がある。

最小項（minterm）は**論理和標準形**（canonical disjunctive form）の要素であり，すべての変数は論理積の形で示される。A, B, C の 3 変数より構成される論理を考え，すべての最小項を**図 4.1** に示す。

最小項では，変数を 2 進数の並びとし，真に 1，偽に 0 を割り付けた値を 10 進数 i とし，Min i として示す。例えば，最小項が $\overline{A} \cdot B \cdot C$ の場合，$\overline{A}BC = 011$，すなわち $i=3$ となり，Min 3 と表現される。

最大項（maxterm）は，**論理積標準形**（canonical conjunctive form）の要素となり，すべての変数は論理和の形で示される。3 変数 A, B, C を扱うすべての最大項を**図 4.2** に示す。

最大項の場合は，変数の並びの真に 0，偽に 1 を割り付けた値を 10 進数 i とし，Max i の形で示す。例えば，$\overline{A}+B+C$ の場合，$\overline{A}BC=100$，すなわち $i=4$ となり，Max 4 となる。

4. 標準形による論理の表現とカルノー図

$\overline{A} \cdot \overline{B} \cdot \overline{C}$
Min 0

$\overline{A} \cdot \overline{B} \cdot C$
Min 1

$\overline{A} \cdot B \cdot \overline{C}$
Min 2

$\overline{A} \cdot B \cdot C$
Min 3

$A \cdot \overline{B} \cdot \overline{C}$
Min 4

$A \cdot \overline{B} \cdot C$
Min 5

$A \cdot B \cdot \overline{C}$
Min 6

$A \cdot B \cdot C$
Min 7

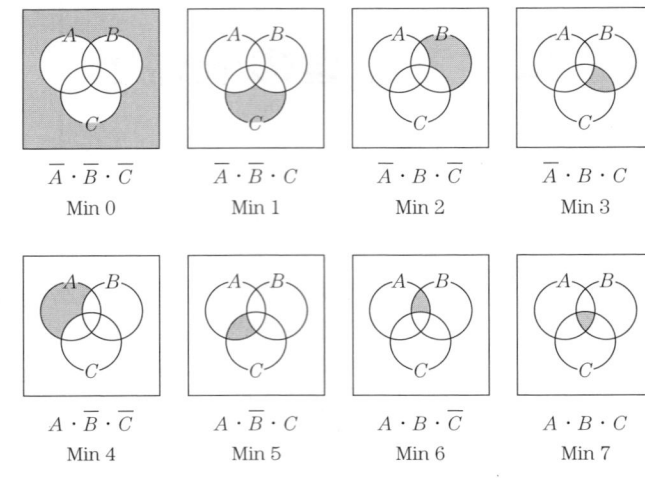

図 4.1　最小項（3変数 A, B, C による）

$A+B+C$
Max 0

$A+B+\overline{C}$
Max 1

$A+\overline{B}+C$
Max 2

$A+\overline{B}+\overline{C}$
Max 3

$\overline{A}+B+C$
Max 4

$\overline{A}+B+\overline{C}$
Max 5

$\overline{A}+\overline{B}+C$
Max 6

$\overline{A}+\overline{B}+\overline{C}$
Max 7

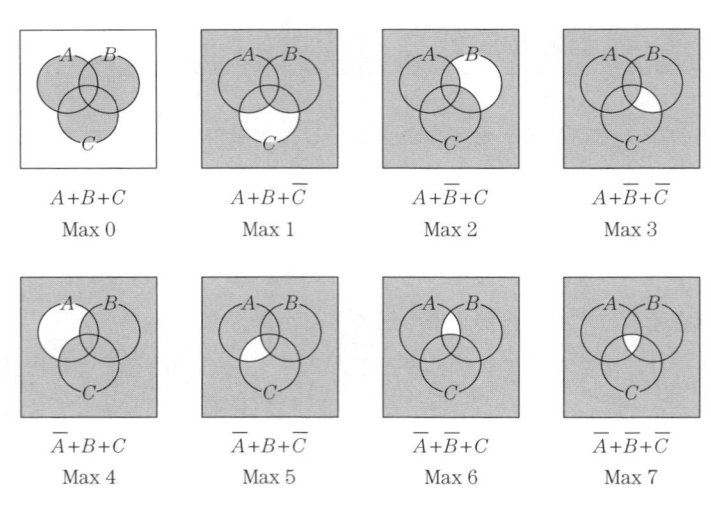

図 4.2　最大項（3変数 A, B, C による）

例題 4.1　最小項 $Y = \overline{A} \cdot B \cdot \overline{C}$ を Min i の形で表現せよ。

解答例　真に 1 を偽に 0 を割り付けて，$\overline{A}B\overline{C} = 010$ より $i = 2$，よって $\overline{A} \cdot B \cdot \overline{C} = $ Min 2

> **例題 4.2** 最大項 $Y = A + \overline{B} + C + \overline{D}$ を $\text{Max}\,i$ の形で表現せよ。

解答例 真に 0 を偽に 1 を割り付けて，$A\overline{B}C\overline{D} = 0101$ より $i = 5$，よって $A + \overline{B} + C + \overline{D} = \text{Max}\,5$

最小項と最大項との間には，つぎの関係が成立する。

$$\text{Min}\,\alpha + \text{Max}\,\alpha = 1$$
$$\text{Min}\,\alpha \cdot \text{Max}\,\alpha = 0$$

例えば，$\text{Min}\,6 + \text{Max}\,6$ の場合は，ド・モルガンの法則より

$$\text{Max}\,6 = \overline{A} + \overline{B} + C = \overline{A \cdot B \cdot \overline{C}} = \overline{\text{Min}\,6}$$

よって，$\text{Min}\,6 + \text{Max}\,6 = \text{Min}\,6 + \overline{\text{Min}\,6} = 1$ （補元律）

> **例題 4.3** $\text{Min}\,5 \cdot \text{Max}\,5 = 0$ になることを証明せよ。

解答例 ド・モルガンの法則より

$$\text{Min}\,5 = A \cdot \overline{B} \cdot C = \overline{\overline{A} + B + \overline{C}} = \overline{\text{Max}\,5}$$

よって，$\text{Min}\,5 \cdot \text{Max}\,5 = \overline{\text{Max}\,5} \cdot \text{Max}\,5 = 0$ （補元律）

4.2 論理和標準形と論理積標準形

論理和標準形は**主加法標準形**，**標準積和形**，**最小項表現**などとも呼ばれ，最小項の論理和で論理を表現する。例えば，図 4.3 のベン図で示される論理 Y は，論理和標準形でつぎのように表現される。

$$Y = \text{Min}\,3 + \text{Min}\,5 + \text{Min}\,6 + \text{Min}\,7$$

(■:Y)	$\overline{A} \cdot B \cdot C$	$A \cdot \overline{B} \cdot C$	$A \cdot B \cdot \overline{C}$	$A \cdot B \cdot C$
	Min 3	Min 5	Min 6	Min 7

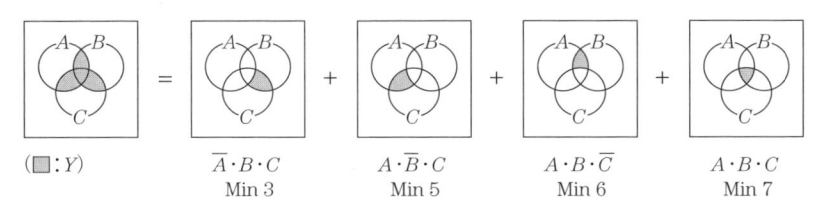

図 4.3 論理和標準形による表現（ベン図）

4. 標準形による論理の表現とカルノー図

表 4.1 の真理値表で考えると，最小項は出力 Y が 1 の行に対応する．

表 4.1 真 理 値 表
($Y=$ Min 3 + Min 5 + Min 6 + Min 7)

A	B	C	Y		
0	0	0	0		
0	0	1	0		
0	1	0	0		
0	1	1	1	… Min 3	$\overline{A}\cdot B\cdot C$
1	0	0	0		
1	0	1	1	… Min 5	$A\cdot \overline{B}\cdot C$
1	1	0	1	… Min 6	$A\cdot B\cdot \overline{C}$
1	1	1	1	… Min 7	$A\cdot B\cdot C$

例題 4.4 表 4.2 の真理値表の論理を論理和標準形で示せ．

表 4.2

A	B	C	Y
0	0	0	0
0	0	1	0
0	1	0	1
0	1	1	1
1	0	0	0
1	0	1	1
1	1	0	0
1	1	1	1

解答例 出力 Y が 1 である行に注目して最小項を求め，論理和標準形とする．

$$Y=\overline{A}\cdot B\cdot \overline{C}+\overline{A}\cdot B\cdot C+A\cdot \overline{B}\cdot C+A\cdot B\cdot C$$
$$=\text{Min 2}+\text{Min 3}+\text{Min 5}+\text{Min 7}$$

論理積標準形は，**主乗法標準形，標準和積形，最大項表現**などとも呼ばれ，最大項の論理積で示される．例えば，図 4.4 のベン図で示される論理 Y は，論理積標準形でつぎのように表現される．

$$Y=\text{Max 0}\cdot \text{Max 1}\cdot \text{Max 2}\cdot \text{Max 4}$$

表 4.3 の真理値表で考えると，最大項は出力 Y が 0 の行に対応する．

4.2 論理和標準形と論理積標準形

(□:Y) = $A+B+C$ Max 0 · $A+B+\overline{C}$ Max 1 · $A+\overline{B}+C$ Max 2 · $\overline{A}+B+C$ Max 4

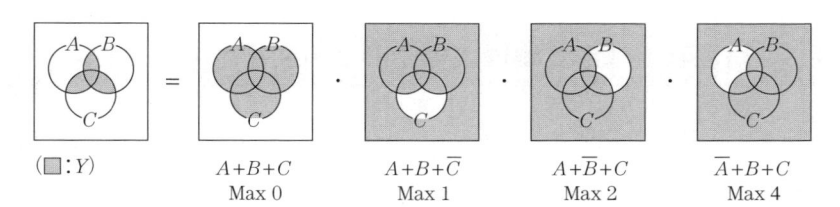

図 4.4 論理積標準形による表現（ベン図）

表 4.3 真理値表
($Y = \text{Max } 0 \cdot \text{Max } 1 \cdot \text{Max } 2 \cdot \text{Max } 4$)

A	B	C	Y		
0	0	0	0	⋯ Max 0	$A+B+C$
0	0	1	0	⋯ Max 1	$A+B+\overline{C}$
0	1	0	0	⋯ Max 2	$A+\overline{B}+C$
0	1	1	1		
1	0	0	0	⋯ Max 4	$\overline{A}+B+C$
1	0	1	1		
1	1	0	1		
1	1	1	1		

例題 4.5 表 4.4 の真理値表の論理を論理積標準形で示せ。

表 4.4

A	B	C	Y
0	0	0	1
0	0	1	0
0	1	0	1
0	1	1	0
1	0	0	0
1	0	1	0
1	1	0	1
1	1	1	1

解答例 出力 Y が 0 である行に注目して最大項を求め，論理積標準形とする。

$Y = (A+B+\overline{C}) \cdot (A+\overline{B}+\overline{C}) \cdot (\overline{A}+B+C) \cdot (\overline{A}+B+\overline{C})$
$= \text{Max } 1 \cdot \text{Max } 3 \cdot \text{Max } 4 \cdot \text{Max } 5$

4.3 論理和標準形と論理積標準形との変換

表4.5の真理値表を考えた場合，論理和標準形では出力が1の行が最小項に，論理積標準形では出力が0の行が最大項に対応しつぎのように表現される。

$Y = \text{Min } 2 + \text{Min } 3 + \text{Min } 4 + \text{Min } 5$ （論理和標準形）

$Y = \text{Max } 0 \cdot \text{Max } 1 \cdot \text{Max } 6 \cdot \text{Max } 7$ （論理積標準形）

表4.5 真理値表
($Y = \text{Min } 2 + \text{Min } 3 + \text{Min } 4 + \text{Min } 5$)

A	B	C	Y		
0	0	0	0	$\cdots \text{Max } 0$	$A+B+C$
0	0	1	0	$\cdots \text{Max } 1$	$A+B+\overline{C}$
0	1	0	1	$\cdots \text{Min } 2$	$\overline{A} \cdot B \cdot \overline{C}$
0	1	1	1	$\cdots \text{Min } 3$	$\overline{A} \cdot B \cdot C$
1	0	0	1	$\cdots \text{Min } 4$	$A \cdot \overline{B} \cdot \overline{C}$
1	0	1	1	$\cdots \text{Min } 5$	$A \cdot \overline{B} \cdot C$
1	1	0	0	$\cdots \text{Max } 6$	$\overline{A}+\overline{B}+C$
1	1	1	0	$\cdots \text{Max } 7$	$\overline{A}+\overline{B}+\overline{C}$

このように，同じ論理を論理和標準形と論理積標準形で表した場合，表現できるすべてのiの値を重複せずに含む。このことを利用して，論理和標準形と論理積標準形との変換を容易に行うことができる。

例題 4.6 4変数による論理和標準形 $Y = \text{Min } 2 + \text{Min } 3 + \text{Min } 7 + \text{Min } 9 + \text{Min } 10 + \text{Min } 12 + \text{Min } 13$ を論理積標準形に変換せよ。

解答例 4変数を扱うので，iの範囲は0から$2^4-1=15$までとなる。論理和標準形で使用していないiの値 0, 1, 4, 5, 6, 8, 11, 14, 15 を論理積標準形に使用する。

$Y = \text{Max } 0 \cdot \text{Max } 1 \cdot \text{Max } 4 \cdot \text{Max } 5 \cdot \text{Max } 6 \cdot \text{Max } 8 \cdot \text{Max } 11 \cdot \text{Max } 14 \cdot \text{Max } 15$

4.4 カルノー図による表現

カルノー図（Karnaugh map）は，真理値表と同様に論理を表で示し，簡

(a) 2変数　　(b) 3変数　　(c) 4変数

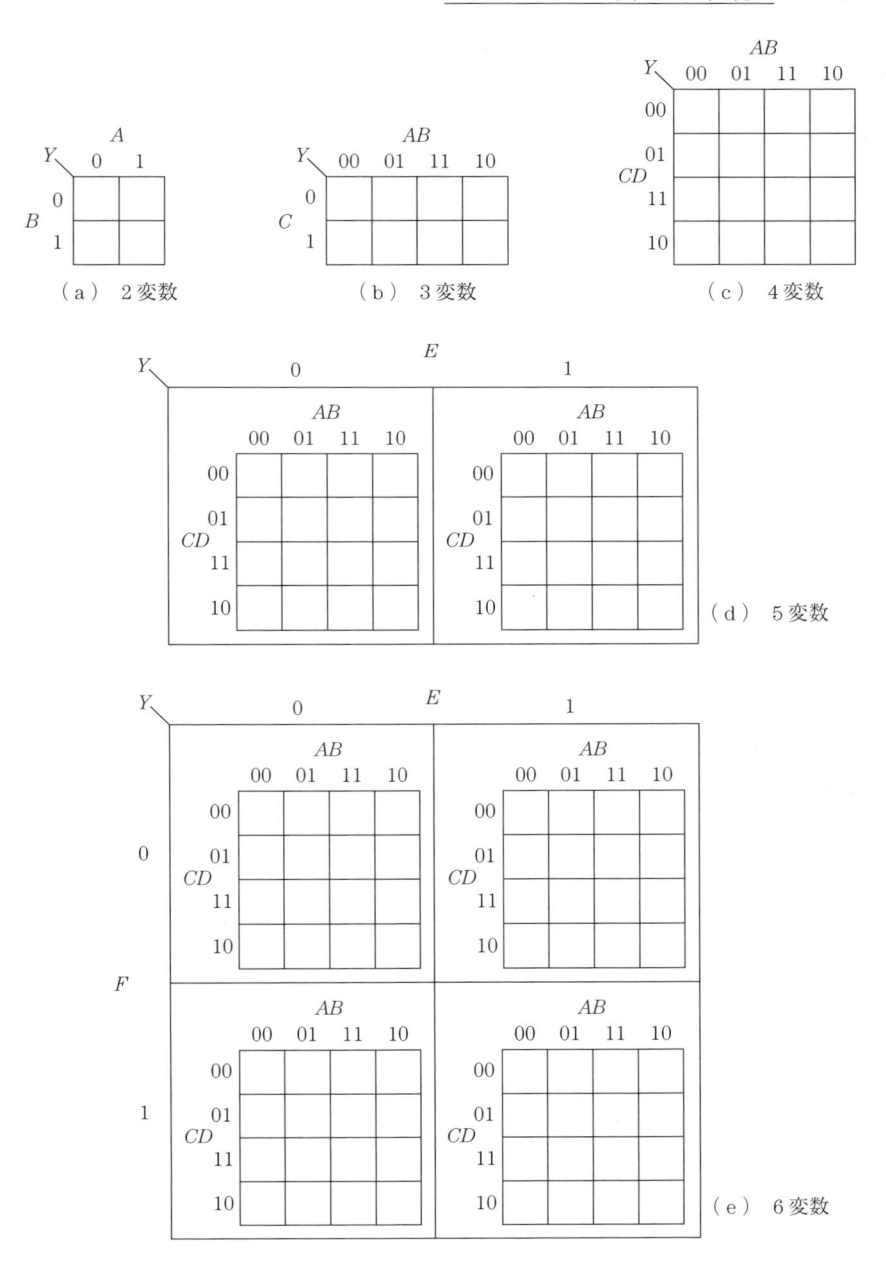

(d) 5変数

(e) 6変数

図 4.5 カルノー図

単化の際に有効となる表現法である。前頁図 4.5 に 2 変数〜6 変数のカルノー図を示す。図 4.5 において，変数 AB および CD のビットの並びは 00, 01, 11, 10 であり，隣接する行（列）のビットの並びにおいて，1 ビットのみが変化するようにする。二つのビット列において，対応するビットの変化する個数を**ハミング**（Hamming）**距離**といい，この場合は，ハミング距離が 1 となる。カルノー図での 5 変数以上の扱いは複雑となる。

図 4.6 に論理和標準形 $Y = \overline{A} \cdot B \cdot C + A \cdot \overline{B} \cdot C + A \cdot B \cdot C$ をカルノー図で示す。3 個の最小項 $\overline{A} \cdot B \cdot C$, $A \cdot \overline{B} \cdot C$, $A \cdot B \cdot C$ がそれぞれカルノー図のマスに 1 で示される。

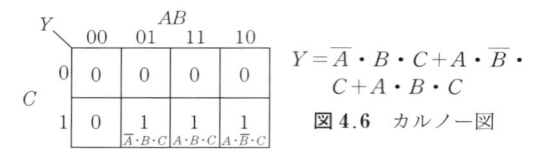

C \ AB	00	01	11	10
0	0	0	0	0
1	0	1 ($\overline{A}\cdot B\cdot C$)	1 ($A\cdot B\cdot C$)	1 ($A\cdot \overline{B}\cdot C$)

$Y = \overline{A} \cdot B \cdot C + A \cdot \overline{B} \cdot C + A \cdot B \cdot C$

図 4.6　カルノー図

例題 4.7　つぎの論理和標準形をカルノー図で示せ。
$$Y = \overline{A} \cdot B \cdot C \cdot D + A \cdot \overline{B} \cdot \overline{C} \cdot D + A \cdot B \cdot \overline{C} \cdot \overline{D}$$
$$+ A \cdot B \cdot \overline{C} \cdot D + A \cdot B \cdot C \cdot D$$

[解答例]　図 4.7 にカルノー図を示す。

CD \ AB	00	01	11	10
00	0	0	1	0
01	0	0	1	1
11	0	1	1	0
10	0	0	0	0

図 4.7　カルノー図

論理積標準形をカルノー図で示す場合は，入力変数の真を 0，偽を 1 として最大項を示すマスに 0 を記入する。例えば，つぎに示す論理積標準形は図 4.8 のカルノー図で示される。

$$Y = (\overline{A} + B + C) \cdot (A + \overline{B} + \overline{C}) \cdot (A + \overline{B} + C)$$

$$Y = (\overline{A}+B+C) \cdot (A+\overline{B}+\overline{C}) \cdot (A+\overline{B}+C)$$

図 4.8 カルノー図

例題 4.8 つぎの論理積標準形をカルノー図で示せ。
$$Y = (\overline{A}+\overline{B}+C+D) \cdot (A+\overline{B}+\overline{C}+D) \cdot (\overline{A}+B+\overline{C}+\overline{D}) \cdot (\overline{A}+B+\overline{C}+D) \cdot (A+\overline{B}+\overline{C}+D)$$

解答例 図 4.9 にカルノー図を示す。

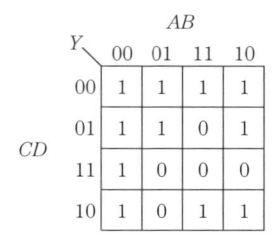

図 4.9 カルノー図

標準形以外の論理式をカルノー図で示す場合を考える。例えば、論理和形 $Y = \overline{A} \cdot B \cdot C + A \cdot \overline{B} \cdot \overline{C} + A$ では、まず、最小項である $\overline{A} \cdot B \cdot C$ と $A \cdot \overline{B} \cdot \overline{C}$ を示すマスに 1 を記入する（**図 4.10**）。

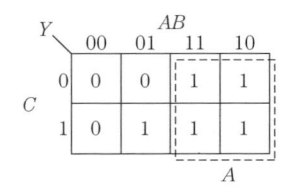

つぎに、項 A を最小項で表現すると、$A = A \cdot B \cdot \overline{C} + A \cdot B \cdot C + A \cdot \overline{B} \cdot \overline{C} + A \cdot \overline{B} \cdot C$ なので、$A=1$ を含むすべてのマス（AB が 11 と 10 の列）に 1 を記入する（**図 4.11**）。

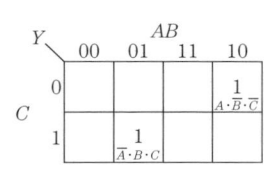

$Y = \overline{A} \cdot B \cdot C + A \cdot \overline{B} \cdot \overline{C}$
図 4.10 カルノー図

$Y = \overline{A} \cdot B \cdot C + A \cdot \overline{B} \cdot \overline{C} + A$
図 4.11 カルノー図

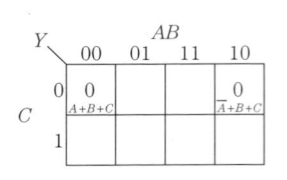

つぎに $Y=(\overline{A}+B+C)\cdot(A+B+C)\cdot A$ を例に論理積形の場合を考える。まず，最大項 $(\overline{A}+B+C)$ と $(A+B+C)$ を示すマスに，0 を記入する（図 4.12）。

	AB			
Y \ C	00	01	11	10
0	0 ($\overline{A}+B+C$)			0 ($\overline{A}+B+C$)
1				

$Y=(\overline{A}+B+C)\cdot(A+B+C)$
図 4.12 カルノー図

	AB			
Y \ C	00	01	11	10
0	0	0	1	0
1	0	0	1	1

$Y=(\overline{A}+B+C)\cdot(A+B+C)\cdot A$
図 4.13 カルノー図

つぎに項 A を最大項で表現すると，$(A+\overline{B}+C)\cdot(A+B+\overline{C})\cdot(A+\overline{B}+\overline{C})\cdot(A+B+C)$ なので，$A=0$ を含むすべてのマス（AB が 00 と 01 の列）に 0 を記入する（図 4.13）。

例題 4.9 つぎの論理式をカルノー図で示せ。

（1） $Y=A\cdot\overline{B}\cdot C\cdot D+\overline{A}\cdot B\cdot C+A\cdot\overline{B}+A$

（2） $Y=(A+\overline{B}+C+D)\cdot(\overline{A}+B+C)\cdot(A+\overline{B})\cdot A$

解答例
（1） 図 4.14 にカルノー図を示す。　（2） 図 4.15 にカルノー図を示す。

	AB			
Y \ CD	00	01	11	10
00	0	0	1	1
01	0	0	1	1
11	0	1	1	1
10	0	1	1	1

$Y=A\cdot\overline{B}\cdot C\cdot D+\overline{A}\cdot B\cdot C$
$+A\cdot\overline{B}+A$
図 4.14 カルノー図

	AB			
Y \ CD	00	01	11	10
00	0	0	1	0
01	0	0	1	0
11	0	0	1	1
10	0	0	1	1

$Y=(A+\overline{B}+C+D)\cdot(\overline{A}+B+C)$
$\cdot(A+\overline{B})\cdot A$
図 4.15 カルノー図

コーヒーブレイク

「論理ゲートを使おう」

　論理設計を終えたあと，実際に回路を構成して動かしたくなるものです。回路の規模や検証の制度によってその方法は異なりますが，ここでは個人でも導入できる方法を紹介することにします。

1. <u>シミュレーションを用いて擬似的に動かす</u>　機能制限版や体験版などのフリーソフトから半導体メーカーが使用する非常に高額なものまであります。たいていのフリーソフトでもタイミングチャートや真理値表が扱えますので，使い比べるのも面白いと思います。「論理シミュレーション」，「ディジタルシミュレーション」，「回路シミュレーション」などで検索してみてください。
2. <u>TTLやCMOSロジックなどのゲートデバイスを使用する</u>　**TTL** (transistor-transistor logic) や **CMOS** (complementary metal oxide semiconductor) ロジックなどの小規模なICが販売されています。例えば，2入力NANDゲートが4個パッケージされた「TTL：74LS00」，「CMOS：74HC00」などは1個数十円で購入できます。秋葉原に多くのパーツ屋さんがあります（通販もしているようです）。指先の運動をかねてはんだ付けをしてみたらいかがでしょうか。

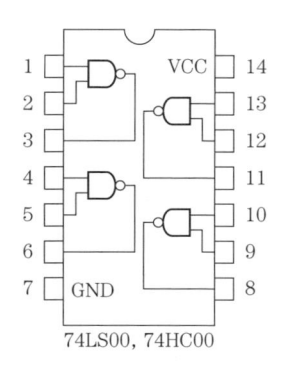

型番	論理
00	NAND
02	NOR
04	NOT
08	AND
32	OR
86	EXOR
810	EXNOR

74LS00, 74HC00

ほかにもたくさんあるよ

3. <u>論理書き込みデバイスを使用する</u>　パソコンで入力した論理情報を，ライター（書き込み器）や通信ケーブルを用いて書き込めるデバイスがあります。回路の規模によって **PLD** (programmable logic device)，**CPLD** (complex PLD)，**FPGA** (field programmable gate array) などと使い分けられています。これらのデバイスは再書き込みが可能なので，試作段階ではとても重宝します。また，100万単位のゲートが使える大規模なものまであり，多くの電子製品に組み込まれて使われています。

演 習 問 題

1. 最小項 $Y = \overline{A} \cdot B \cdot \overline{C} \cdot D$ を Min i の形で表現せよ。
2. 最大項 $Y = \overline{A} + B + \overline{C} + D$ を Max i の形で表現せよ。
3. 表 4.6 の真理値表の論理を論理和標準形と論理積標準形で示せ。

表 4.6

A	B	C	Y
0	0	0	1
0	0	1	1
0	1	0	0
0	1	1	0
1	0	0	1
1	0	1	1
1	1	0	0
1	1	1	0

4. 4変数による論理和標準形 $Y = $ Min 3 + Min 5 + Min 7 + Min 9 + Min 12 + Min 15 を論理積標準形に変換せよ。
5. つぎの論理式をカルノー図で示せ。
   (1) $Y = \overline{A} \cdot \overline{B} \cdot C \cdot D + A \cdot B \cdot C + A \cdot \overline{B} + \overline{B}$
   (2) $Y = (A + \overline{B} + \overline{C} + D) \cdot (A + \overline{B} + \overline{C}) \cdot (\overline{A} + B) \cdot A$
6. つぎの論理式を Min i および Max i の形で表現せよ。
   (1) $\overline{A} \cdot \overline{B} \cdot \overline{C} + \overline{A} \cdot B \cdot C + A \cdot B \cdot \overline{C} + A \cdot B \cdot C$
   (2) $(\overline{A} + \overline{B} + C) \cdot (A + \overline{B} + \overline{C}) \cdot (A + B + \overline{C}) \cdot (A + B + C)$
7. つぎの論理式をカルノー図で示せ。
   (1) $Y = \overline{A} \cdot B \cdot \overline{C} + A \cdot \overline{B} \cdot C + A \cdot B \cdot \overline{C} + A \cdot B \cdot C$
   (2) $Y = (A + B + \overline{C}) \cdot (A + \overline{B} + \overline{C}) \cdot (\overline{A} + B + C) \cdot (\overline{A} + B + \overline{C})$
   (3) $Y = A \cdot B + \overline{A} \cdot B + B \cdot C$
   (4) $Y = (A \oplus B) + (C \oplus D)$
   (5) $Y = A \cdot B \cdot \overline{C} \cdot D + A \cdot \overline{B} \cdot \overline{C} + B \cdot \overline{C} \cdot \overline{D} + \overline{A} \cdot \overline{C} \cdot \overline{D}$

カルノー図による簡単化　5

　カルノー図を用いた**簡単化**は，視覚的に論理を簡単化することができるため，多く使用されている手法である．ここでは，論理和形として簡単化する場合と論理積形として簡単化する場合についてそれぞれの手法を述べた後，ドント・ケア条件を含む場合の簡単化について説明する．

5.1　論理和形に簡単化する方法

　カルノー図に示された論理を論理和形として簡単化する．以下に，論理和標準形 $Y=\overline{A}\cdot\overline{B}\cdot\overline{C}+A\cdot\overline{B}\cdot C+A\cdot\overline{B}\cdot\overline{C}+A\cdot B\cdot\overline{C}+A\cdot B\cdot C$ を例に，その手順を示す．

（手順1）　カルノー図で論理を表現する．

　図 5.1 のカルノー図に，論理式 $Y=\overline{A}\cdot\overline{B}\cdot\overline{C}+A\cdot\overline{B}\cdot C+A\cdot\overline{B}\cdot\overline{C}+A\cdot B\cdot\overline{C}+A\cdot B\cdot C$ を示す．

Y \ AB	00	01	11	10
C 0	1	0	1	1
1	0	0	1	1

$Y=\overline{A}\cdot\overline{B}\cdot\overline{C}+A\cdot\overline{B}\cdot C+A\cdot\overline{B}$
$\cdot\overline{C}+A\cdot B\cdot\overline{C}+A\cdot B\cdot C$

図 5.1　カルノー図

（手順2）　ルーピングを行う．

　カルノー図に示される論理 1 のみを長方形ですべて囲む．このときループは重なってもかまわない．カルノー図において，上下，左右の端は連続していると考える（図 5.2）．

5. カルノー図による簡単化

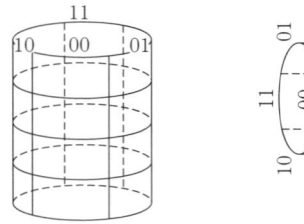

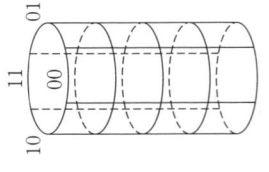

図5.2 カルノー図における連続性

また，論理を簡単にするために，ループ内の1の個数が多くなるように 2^n 個のマスの長方形をルーピングする。論理和形においては，ループ数は構成する論理積の個数となる。また，ループの大きさが大きいと，論理積項を構成する変数（リテラル）の個数が少なくなる。

これらのことを配慮して図5.1をルーピングした例を，**図5.3**に示す。

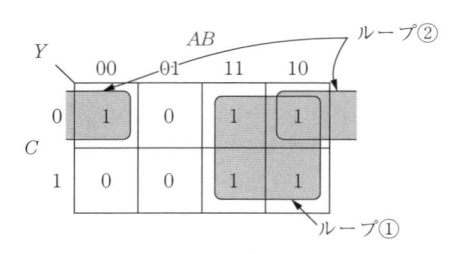

図5.3 ルーピング例

（手順3） 各ループを論理積項で示す。

ルーピングしたそれぞれのループに対して論理積項を求める。図5.3のループ①は，$A=1$ のすべての項を含んでいることから，論理 A となる。ループ②の場合は，$B=0$ でかつ $C=0$ の項をすべて含むことから，論理 $\overline{B} \cdot \overline{C}$ となる。

（手順4） すべてのループ項の論理和を求める。

ループ①項とループ②項の論理和を求め，$Y = A + \overline{B} \cdot \overline{C}$ と簡単化する。

例題 5.1 カルノー図を用いて，論理和標準形で示されるつぎの論理式を簡単化せよ。

$$Y = \overline{A} \cdot \overline{B} \cdot C \cdot D + \overline{A} \cdot B \cdot \overline{C} \cdot D + A \cdot B \cdot \overline{C} \cdot \overline{D} + A \cdot B \cdot \overline{C} \cdot D$$
$$+ A \cdot \overline{B} \cdot C \cdot \overline{D} + A \cdot \overline{B} \cdot C \cdot D + A \cdot B \cdot C \cdot \overline{D} + A \cdot B \cdot C \cdot D$$

解答例 図5.4のカルノー図において①~④をルーピングし，簡単化する。

$$Y = A \cdot C + A \cdot B + B \cdot \overline{C} \cdot D + \overline{B} \cdot C \cdot D$$

① $A \cdot C$
② $A \cdot B$
③ $B \cdot \overline{C} \cdot D$
④ $\overline{B} \cdot C \cdot D$

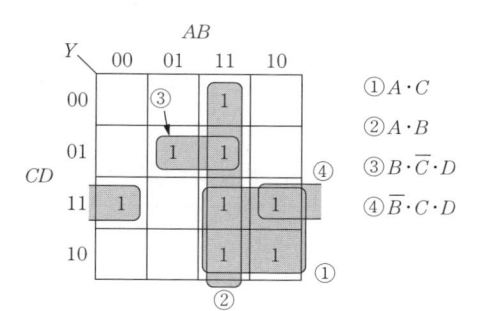

図5.4 カルノー図

5.2 論理積形に簡単化する方法

カルノー図に示された論理を論理積形として簡単化する。つぎに，論理積標準形 $Y = (A+B+C) \cdot (A+\overline{B}+C) \cdot (A+B+\overline{C}) \cdot (A+\overline{B}+\overline{C}) \cdot (\overline{A}+B+\overline{C})$ を例に，その手順を示す。

（手順1） カルノー図で論理を表現する。

図5.5のカルノー図に，論理式 $Y = (A+B+C) \cdot (A+\overline{B}+C) \cdot (A+B+\overline{C}) \cdot (A+\overline{B}+\overline{C}) \cdot (\overline{A}+B+\overline{C})$ を示す。

$Y = (A+B+C) \cdot (A+\overline{B}+C) \cdot (A+B+\overline{C}) \cdot (A+\overline{B}+\overline{C}) \cdot (\overline{A}+B+\overline{C})$

図5.5 カルノー図

（手順2） ルーピングを行う。

論理和形の場合と同様にルーピング時の配慮を行い，カルノー図に示される論理0のみを長方形ですべて囲む（図5.6）。

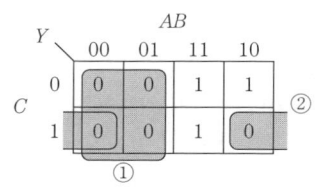

図5.6 ルーピング例

(手順3) 各ループを論理和項で示す。

ルーピングしたそれぞれのループに対して論理和を求める。図5.6のループ①は，$A=0$ のすべての項を含んでいることから，論理 A となる。ループ②の場合は，$B=0$ でかつ $C=1$ の項をすべて含むことから，論理 $B+\overline{C}$ となる。

(手順4) すべてのループ項の論理積を求める。

ループ①項とループ②項の論理積を求め，$Y=A \cdot (B+\overline{C})$ と簡単化する。

例題 5.2 カルノー図を用いて，論理積標準形で示されるつぎの論理式を簡単化せよ。

$$Y=(\overline{A}+\overline{B}+\overline{C}) \cdot (\overline{A}+\overline{B}+C) \cdot (\overline{A}+B+C) \cdot (A+\overline{B}+\overline{C})$$
$$\cdot (A+\overline{B}+C) \cdot (A+B+C)$$

解答例 図5.7のカルノー図において①，②をルーピングし，簡単化する。
$Y=\overline{B} \cdot C$

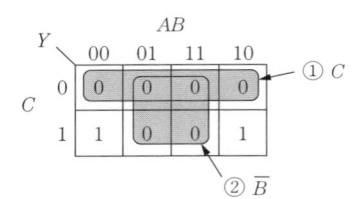

図5.7 カルノー図

例題 5.3 カルノー図を使用してつぎの論理式を簡単化せよ。

(1) $Y=\overline{A} \cdot \overline{B} \cdot \overline{C} \cdot \overline{D}+\overline{A} \cdot \overline{B} \cdot \overline{C} \cdot D+\overline{A} \cdot B \cdot \overline{C} \cdot \overline{D}+\overline{A} \cdot \overline{B}$
$\cdot C+A \cdot B \cdot \overline{C}+A \cdot \overline{B}$ (論理和形で示せ)

(2) $Y=(A+B+\overline{C}+\overline{D}) \cdot (\overline{A}+B+\overline{C}+\overline{D}) \cdot (A+\overline{B}+C+\overline{D})$
$\cdot (A+\overline{B}+\overline{C}) \cdot (\overline{B}+C+D) \cdot (\overline{A}+\overline{B})$ (論理積形で示せ)

解答例

(1) 図5.8のカルノー図において①〜③をルーピングし，簡単化する。
$Y=A \cdot \overline{C}+\overline{B}+\overline{C} \cdot \overline{D}$

(2) 図5.9のカルノー図において①，②をルーピングし，簡単化する。
$Y=\overline{B} \cdot (\overline{C}+\overline{D})$

図5.8 カルノー図

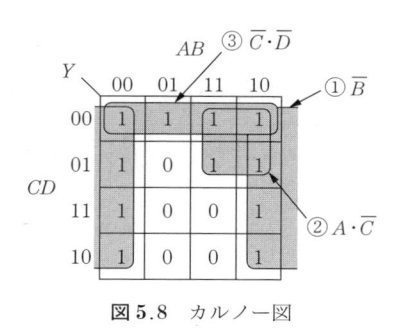

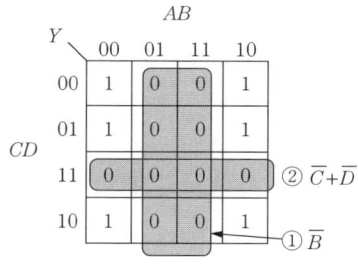

図5.9 カルノー図

5.3 ドント・ケア条件を含む場合の簡単化

3章「組合せ回路」で取り上げたように，ドント・ケアdは，論理値が1でも0でもかまわない条件であり，dを含む論理を簡単化する場合は，それぞれのdを都合の良い1または0に固定して行う。例として，表5.1に示す真理値表より論理和形を求める場合を考える。

表5.1を図5.10のカルノー図として示す。ここでドント・ケアdを0としてルーピングしたものを図5.11（a）に，dを1としてルーピングしたものを図5.11(b)に示す。

表5.1 真理値表

A	B	Y
0	0	1
0	1	d
1	0	0
1	1	0

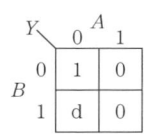

図5.10 ドント・ケアdを含むカルノー図

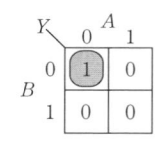

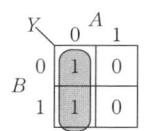

（a） d=0に固定　（b） d=1に固定

図5.11 dを0と1に固定した場合

ドント・ケア d を 0 に固定した図 5.11(a) の場合は，$Y = \overline{A} \cdot \overline{B}$ となり，d を 1 に固定した図 5.11(b) の場合は，$Y = \overline{A}$ となる。したがってこの例の場合は，d を 1 にしたほうが論理は簡単化されることになる。

> **例題 5.4** 表 5.2 に示すドント・ケア d を含む真理値表の論理をできるだけ簡単化し，論理和形で示せ。
>
> 表 5.2 ドント・ケア d を含む真理値表
>
> | A | B | C | Y |
> |---|---|---|---|
> | 0 | 0 | 0 | 1 |
> | 0 | 0 | 1 | d |
> | 0 | 1 | 0 | d |
> | 0 | 1 | 1 | 1 |
> | 1 | 0 | 0 | 0 |
> | 1 | 0 | 1 | 0 |
> | 1 | 1 | 0 | d |
> | 1 | 1 | 1 | 0 |

[解答例] まず，ドント・ケア d を含むカルノー図を作成する（図 5.12(a)）。つぎにできるだけ簡単化できるように，d を 0 または 1 に固定し，ルーピングより $Y = \overline{A}$ となる（図(b)）。

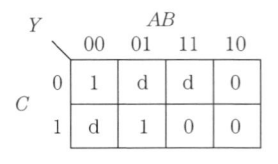

(a) ドント・ケアを含むカルノー図

(b) ルーピング（$Y = \overline{A}$）

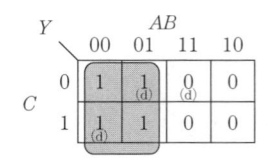

図 5.12

コーヒーブレイク

「LSI 設計者とコックの会話」

　納期や不良解析に追われ精根疲れ果てて仕事をしていると，たまには気晴らしに呑みに行きたくなるものです．それでは，焼肉屋ジンギスカンでの会話を盗み聞きしてみましょう．

LSI 設計者：「まだ発表前なので内緒の話だけどさ，先日話していた開発中のデバイスが昨日あがってきたよ．」
洋食コック：「それでどうだったの？」
LSI 設計者：「パイロットテストもすべてパスして，直前で手直しの入った箇所も正常に動いているし，マスクミスもなかったようだ．」
洋食コック：「それはよかったね．」
LSI 設計者：「昨日はクリーンルームに泊まってテストしていたんだ．まだウエハーの状態なんだけど，エバレーションデータを見た限り，クリティカルなスペックアイテムもなさそうだし，組立て後はすぐにデザインサンプルとして出荷できそうだよ．」
洋食コック：「……………」
LSI 設計者：「なんだか元気がないね．」
洋食コック：「おめでとう．ほんとうによかったね．ところで話は変わるけど，この前とてもおいしい洋食屋をみつけたよ．軽くブルーで焼いた近江牛のシャトーブリアンをマデラソースで食べてさ，カルニチュールにはポンムド・テールのグラチネが付くんだ．ソースとのバランスがばっちりだったよ．今度行こうよ．」
LSI 設計者：「そうだね．あ，ジンギスカンが焦げてる！」

　「語り＝ストレス発散」と「聞き＝ストレス吸収」を天秤にかけましょう．

演 習 問 題

1. カルノー図を用いて，論理和標準形で示されるつぎの論理式を簡単化し，論理和形で示せ．
   - (1) $Y = \overline{A}\cdot B\cdot \overline{C} + \overline{A}\cdot B\cdot C + A\cdot \overline{B}\cdot C + A\cdot B\cdot C$
   - (2) $Y = \overline{A}\cdot \overline{B}\cdot \overline{C}\cdot D + \overline{A}\cdot \overline{B}\cdot C\cdot D + \overline{A}\cdot B\cdot \overline{C}\cdot D$
     $+ \overline{A}\cdot B\cdot C\cdot D + A\cdot \overline{B}\cdot \overline{C}\cdot \overline{D} + A\cdot B\cdot \overline{C}\cdot D$
     $+ A\cdot B\cdot C\cdot D$

2. カルノー図を用いて，論理積標準形で示されるつぎの論理式を簡単化し，論理積形で示せ．
   - (1) $Y = (A+\overline{B}+C)\cdot (A+\overline{B}+\overline{C})\cdot (A+B+\overline{C})\cdot (A+B+C)$
   - (2) $Y = (\overline{A}+\overline{B}+\overline{C}+D)\cdot (\overline{A}+\overline{B}+C+D)\cdot (\overline{A}+B+\overline{C}+D)$
     $\cdot (\overline{A}+B+C+D)\cdot (A+\overline{B}+\overline{C}+D)\cdot (A+\overline{B}+C+D)$
     $\cdot (A+B+\overline{C}+D)\cdot (A+B+C+D)$

3. 表5.3に示すドント・ケアdを含む真理値表の論理をできるだけ簡単化し，論理和形で示せ．

4. 図5.13に示す論理回路に対して簡単化を行い，ゲート数と段数についての効果を考察せよ．

表5.3 ドント・ケアdを含む真理値表

A	B	C	D	Y
0	0	0	0	1
0	0	0	1	d
0	0	1	0	0
0	0	1	1	d
0	1	0	0	0
0	1	0	1	0
0	1	1	0	0
0	1	1	1	d
1	0	0	0	1
1	0	0	1	1
1	0	1	0	d
1	0	1	1	d
1	1	0	0	0
1	1	0	1	0
1	1	1	0	0
1	1	1	1	0

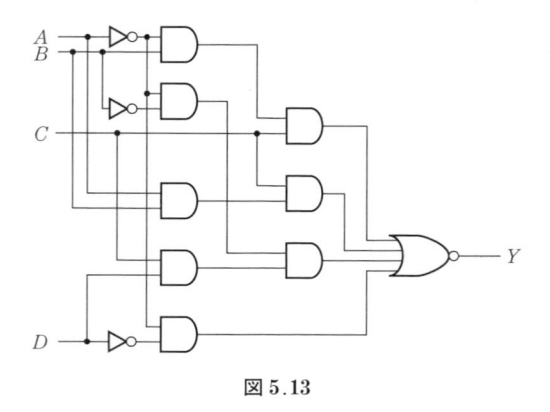

図5.13

クワイン・マクラスキー法による簡単化　6

カルノー図は論理を簡単化する際の手軽で有効な手段であるが，4変数を超える場合は急激に複雑さを増してしまう．本章では多変数にも有効な簡単化の手法として，定められた手続きに従って機械的に簡単化を行う**クワイン・マクラスキー法**（Quine-McCluskey's method）について述べる．クワイン・マクラスキー法は**クワイン部**と**マクラスキー部**によって構成され，クワイン部では主項の導出，マクラスキー部では最小形を導出する．

6.1 最小論理和形と最小論理積形

ある論理関数 $f(x)$ と $g(x)$ について考える．$f(x)=1$ を満たすすべての x に対して $g(x)=1$ を満たす場合，f は g に**包含される**という．図 6.1 にカルノー図を用いた包含例を示す．包含されている f を構成するすべての項は包含する g のループに含まれる．また，包含される項を**内項**（implicant）と呼ぶ．この場合は，f は g の内項である．

部分項とは，図 6.2 のカルノー図に示すように，論理条件の一部分を示す項

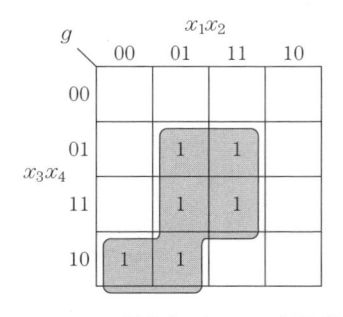

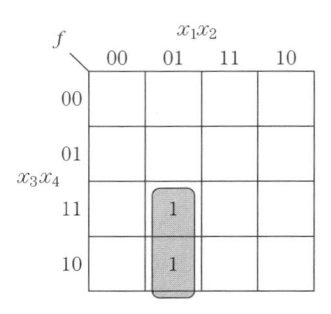

図 6.1 カルノー図を用いた包含例（f は g に包含）

図6.2 カルノー図

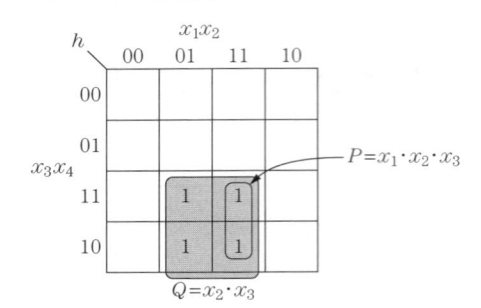

図中ラベル: $P = x_1 \cdot x_2 \cdot x_3$, $Q = x_2 \cdot x_3$, 項 Q は項 P の部分項

であり，この場合は，項 Q は項 P の部分項となる．項 Q のすべてのリテラル (x_2 と x_3) が項 P のリテラル (x_1 と x_2 と x_3) に含む．

内項の中で，他の内項を部分項としないものを**主項** (prime implicant) と呼ぶ．主項には冗長な変数は含まれない．主項のみで構成する論理和形について，どの主項を取り除いても論理が成立しなくなるものを，**非冗長論理和形** (irredundant disjunctive form) と呼ぶ．非冗長論理和形に含まれる各主項は，**必須主項** (essential prime implicant) と呼ぶ．非冗長論理和形のうち，主項の数が最小個のものを**最小項数論理和形** (sloppy minimal sum) と呼び，この中でリテラル数が最小のものを**最小論理和形** (minimal sum) と呼ぶ．

論理積形の場合も論理和形と同様に考えて，**非冗長論理積形** (irredundant conjunctive form)，**最小項数論理積形** (sloppy minimal product)，**最小論理積形** (minimal product) と呼ぶ．

6.2 クワイン部による主項の導出

クワイン部では，以下に示す定理を使用して主項を求める．

$(X \cdot Y) + (X \cdot \overline{Y}) = X$

$(X + Y) \cdot (X + \overline{Y}) = X$

つぎに示す論理式を例にクワイン部の手順を示す．

$Y = \overline{A} \cdot \overline{B} \cdot \overline{C} + A \cdot B \cdot D + A \cdot \overline{B} \cdot D + A \cdot C \cdot \overline{D}$

（手順1） 論理和標準形の表現

表 6.1 に示す真理値表より以下の論理和標準形を求める。

$$Y = \text{Min } 0 + \text{Min } 1 + \text{Min } 9 + \text{Min } 10 + \text{Min } 11 + \text{Min } 13 + \text{Min } 14 + \text{Min } 15$$

表 6.1 真理値表 ($Y = \overline{A} \cdot \overline{B} \cdot \overline{C} + A \cdot B \cdot D + A \cdot \overline{B} \cdot D + A \cdot C \cdot \overline{D}$)

A	B	C	D	Y		A	B	C	D	Y	
0	0	0	0	1	… Min 0	1	0	0	0	0	
0	0	0	1	1	… Min 1	1	0	0	1	1	… Min 9
0	0	1	0	0		1	0	1	0	1	… Min 10
0	0	1	1	0		1	0	1	1	1	… Min 11
0	1	0	0	0		1	1	0	0	0	
0	1	0	1	0		1	1	0	1	1	… Min 13
0	1	1	0	0		1	1	1	0	1	… Min 14
0	1	1	1	0		1	1	1	1	1	… Min 15

（手順2） グルーピング

各最小項を2進数 i の形として，含まれる1の個数ごとにグループ分け（グルーピング）して表 6.2 に示す。

表 6.2 グルーピング

1の個数	0	1	2	3	4
項 (i)	0000(0)	0001(1)	1001(9) 1010(10)	1011(11) 1101(13) 1110(14)	1111(15)

（手順3） 結　合

隣り合うグループのすべての組合せを考え，変数の比較を行う。1変数のみが異なる（ハミング距離が1の）組合せに対して，異なっている変数をドント・ケア d に置き換え，二つの項を結合する。結合後の（　）内には，結合前の値を小さい順に併記する。例えば，項 0000(0) と項 0001(1) は結合されて項 000 d(0, 1) となる。表 6.3〜表 6.6 にそれぞれのグループにおける結合結果を示す。また，すべての結合結果をまとめて表 6.7 に示す。

表 6.7 の場合はすべての項が結合できるが，結合できない場合は，その項は主項となるので□で囲む。

6. クワイン・マクラスキー法による簡単化

表 6.3 グループ 0 と 1 の結合

	0	1
結合前	0000 (0)	0001 (1)
結合後	000d (0, 1)	

表 6.4 グループ 1 と 2 の結合

	1	2
結合前	0001 (1)	1001 (9)
結合後	d001 (1, 9)	

表 6.5 グループ 2 と 3 の結合

	2	3
結合前	1001 (9) 1010 (10)	1011 (11) 1101 (13) 1110 (14)
結合後	10d1 (9, 11) 1d01 (9, 13) 101d (10, 11) 1d10 (10, 14)	

表 6.6 グループ 3 と 4 の結合

	3	4
結合前	1011 (11) 1101 (13) 1110 (14)	1111 (15)
結合後	1d11 (11, 15) 11d1 (13, 15) 111d (14, 15)	

表 6.7 結合結果 (1 回目)

1 の個数	0	1	2	3
項 (i)	000d (0, 1)	d001 (1, 9)	10d1 (9, 11) 1d01 (9, 13) 101d (10, 11) 1d10 (10, 14)	1d11 (11, 15) 11d1 (13, 15) 111d (14, 15)

(手順 4) **結合の繰返し**

すべての項が結合できなくなるまで，手順 3 を繰り返す。ただし，ドント・ケア d を持つ項については，同じ位置に d を持つものとのみ結合を可能とする。**表 6.8** に表 6.7 の結合結果を示す。

表 6.8 結合結果 (2, 3 回目)

1 の個数	0	1	2	3
項 (i)	000d (0, 1)	d001 (1, 9)	10d1 (9, 11) 1d01 (9, 13) 101d (10, 11) 1d10 (10, 14)	1d11 (11, 15) 11d1 (13, 15) 111d (14, 15)
			1dd1 (9, 11, 13, 15) 1d1d (10, 11, 14, 15)	▨：主項

ここまでの手順で，以下の四つの主項が求められる．

000d(0, 1)

d001(1, 9)

1dd1(9, 11, 13, 15)

1d1d(10, 11, 14, 15)

論理和形を構成するすべての最小項が（ ）内に示されることがわかる．

例題 6.1 つぎの論理和形の主項をクワイン部を利用して求めよ．
$$Y = \overline{A} \cdot \overline{B} \cdot C \cdot \overline{D} + \overline{A} \cdot \overline{B} \cdot C \cdot D + A \cdot \overline{B} \cdot \overline{C} \cdot \overline{D}$$
$$+ A \cdot \overline{B} \cdot \overline{C} \cdot D + A \cdot \overline{B} \cdot C \cdot D + A \cdot B \cdot \overline{C} \cdot \overline{D}$$
$$+ A \cdot B \cdot \overline{C} \cdot D + A \cdot B \cdot C \cdot D$$

解答例 $Y = \text{Min } 2 + \text{Min } 3 + \text{Min } 8 + \text{Min } 9 + \text{Min } 11 + \text{Min } 12 + \text{Min } 13 + \text{Min } 15$
であり，**表 6.9** より主項を求める．

表 6.9 クワイン部（論理和標準形における主項の導出）

1 の個数	1	2	3	4
	0010(2) 1000(8)	0011(3) 1001(9) 1100(12)	1011(11) 1101(13)	1111(15)
項 (i)	001d(2, 3) 100d(8, 9) 1d00(8, 12)	d011(3, 11) 10d1(9, 11) 1d01(9, 13) 110d(12, 13)	1d11(11, 15) 11d1(13, 15)	
	1d0d(8, 9, 12, 13)	1dd1(9, 11, 13, 15)		

▨ ：主項

6.3 マクラスキー部による最小形の導出

最小論理和形や最小論理積形を求めるには，クワイン部で求めた主項より必須主項を選択する必要がある．マクラスキー部は必須主項を選択する手法である．以下，マクラスキー部を用いて必須主項を求める手順について，6.2 節で求めた結果を用いて説明する．

(手順1) 主項，最小項対応表の作成

主項と対応する最小項の表を作成し，主項がカバーする箇所にチェックを入れる（**表 6.10**）。

表 6.10　主項，最小項対応表

主 項 (i) \ 最小項 i	0	1	9	10	11	13	14	15
000d (0, 1)	✓	✓						
d001 (1, 9)		✓	✓					
1dd1 (9, 11, 13, 15)			✓		✓	✓		✓
1d1d (10, 11, 14, 15)				✓	✓		✓	✓

(手順2) 必須主項の選択1

最小項の列に注目して，一つのみの主項 (i) でカバーされているもの（列においてチェックが一つのみのマス）に○をつける（**表 6.11**）。最小項 $i=0$ は主項 000d (0, 1)，最小項 $i=13$ は主項 1dd1 (9, 11, 13, 15)，最小項 $i=10$ と $i=14$ は主項 1d1d (0, 11, 14, 15) でそれぞれカバーされる。これらの主項は，論理の構成に必須な必須主項となる。

表 6.11　必須主項の選択1

主 項 (i) \ 最小項 i	0	1	9	10	11	13	14	15
000d (0, 1)	⊘	✓						
d001 (1, 9)		✓	✓					
1dd1 (9, 11, 13, 15)			✓		✓	⊘		✓
1d1d (10, 11, 14, 15)				⊘	✓		⊘	✓

(手順3) 必須主項の選択2

手順2で得られた必須主項によってカバーできる項があれば，すべて○を付加する（**表 6.12**）。

(手順4) 必須主項の選択3

最小項の列にカバーされていないものがあれば，それをカバーする主項を選

6.3 マクラスキー部による最小形の導出

表 6.12 必須主項の選択 2

主　項 (i) \ 最小項 i	0	1	9	10	11	13	14	15
000d (0, 1)	◎	◎						
d001 (1, 9)		✓	✓					
1dd1 (9, 11, 13, 15)			◎		◎	◎		◎
1d1d (10, 11, 14, 15)				◎	◎		◎	◎

び，必須主項として加える．このとき，主項（ ）中の i の個数が少ないものから優先して選ぶ．表 6.12 ではすでにすべての最小項がカバーされているので追加はない．ここで，使用されていない主項 d001(1, 9) は冗長項となる．

（手順 5）　最小論理和形の導出

得られたすべての必須主項に対して，1 を真，0 を偽とし，d は無視して論理積を求める（図 6.3）．これら積項の論理和が求める最小論理和形となる．

$$Y = \overline{A} \cdot \overline{B} \cdot \overline{C} + A \cdot D + A \cdot C$$

```
000d  ⟶  Ā · B̄ · C̄
1dd1  ⟶  A · D
1d1d  ⟶  A · C
```

図 6.3　論理積の導出

例題 6.2　例題 6.1 で求めた主項にマクラスキー部を適用し，最小論理和形を導け．

解答例　表 6.13 に示すマクラスキー部より，○ の組合せを選択し，最小論理和形を求める．

$$Y = 001d + 1d0d + 1dd1 = \overline{A} \cdot \overline{B} \cdot C + A \cdot \overline{C} + A \cdot D$$

表 6.13　マクラスキー部（論理和標準形における必須項の選択）

主　項 (i) \ 最小項 i	2	3	8	9	11	12	13	15
001d (2, 3)	◎	◎						
d011 (3, 11)		✓			✓			
1d0d (8, 9, 12, 13)			◎	◎		◎	◎	
1dd1 (9, 11, 13, 15)				◎	◎		◎	◎

6.4 最小論理積形の場合

最小論理積形の場合も，最小論理和形の場合と同様の手順で求めることができる。つぎの論理積標準形を例にクワイン・マクラスキー法の適用を述べる。

$Y = \text{Max } 2 \cdot \text{Max } 3 \cdot \text{Max } 4 \cdot \text{Max } 5 \cdot \text{Max } 6 \cdot \text{Max } 7 \cdot \text{Max } 8$
　　　$\cdot \text{Max } 12$

（クワイン部）

表 6.14 を作成し，論理積標準形の項を結合して主項を求める。以下に求めた主項を示す。

表 6.14　クワイン部（論理積標準形における主項の導出）

1 の個数	1	2	3
	0010(2) 0100(4) 1000(8)	0011(3) 0101(5) 0110(6) 1100(12)	0111(7)
項 (i)	001d(2, 3) 0d10(2, 6) 010d(4, 5) 01d0(4, 6) d100(4, 12) 1d00(8, 12)	0d11(3, 7) 01d1(5, 7) 011d(6, 7)	
	0d1d(2, 3, 6, 7) 01dd(4, 5, 6, 7)	▨：主項	

d100 (4, 12)

1d00 (8, 12)

0d1d (2, 3, 6, 7)

01dd (4, 5, 6, 7)

（マクラスキー部）

表 6.15 を作成し，求めた主項より必須主項を選ぶ。

求めた必須主項に対して，0 を真，1 を偽とし，ドント・ケア d は無視して論理和を求め（**図 6.4**）最小論理積形で示す。

$Y = (\overline{A} + C + D) \cdot (A + \overline{C}) \cdot (A + \overline{B})$

表 6.15 マクラスキー部（論理積標準形における必須項の選択）

主　項 (i) ＼ 最小項 i	2	3	4	5	6	7	8	12	
d100 (4, 12)			✓					✓	…冗 長 項
1d00 (8, 12)							ⓥ	ⓥ	…必須主項
0d1d (2, 3, 6, 7)	ⓥ	ⓥ			ⓥ	ⓥ			…必須主項
01dd (4, 5, 6, 7)			ⓥ	ⓥ	ⓥ	ⓥ			…必須主項

```
1d00  →  Ā + C + D
0d1d  →  A + C̄
01dd  →  A + B̄
```

図 6.4 論理和の導出

6.5　マクラスキー部におけるドント・ケアの考慮

論理和標準形の場合は，ドント・ケア d をすべて 1 とし，論理積標準形の場合は，d をすべて 0 として主項を求める．例として**表 6.16** の真理値表に示される論理を論理和標準形を用いて簡単化する．

表 6.16 真 理 値 表

A	B	C	D	Y	A	B	C	D	Y
0	0	0	0	1	1	0	0	0	0
0	0	0	1	1	1	0	0	1	1
0	0	1	0	0	1	0	1	0	1
0	0	1	1	d	1	0	1	1	1
0	1	0	0	d	1	1	0	0	0
0	1	0	1	d	1	1	0	1	1
0	1	1	0	0	1	1	1	0	1
0	1	1	1	0	1	1	1	1	1

まず，ドント・ケア d を 1 として Min i の形で論理和標準形を求める．

$Y = \text{Min } 0 + \text{Min } 1 + \text{Min } 3 + \text{Min } 4 + \text{Min } 5 + \text{Min } 9 + \text{Min } 10$
$\quad + \text{Min } 11 + \text{Min } 13 + \text{Min } 14 + \text{Min } 15$

その後，最小項を結合して主項を求める（**表 6.17**）．

6. クワイン・マクラスキー法による簡単化

表 6.17 主項の導出

1の個数	0	1	2	3	4
	0000(0)	0001(1) 0100(4)	0011(3) 0101(5) 1001(9) 1010(10)	1011(11) 1101(13) 1110(14)	1111(15)
項 (i)	000d(0, 1) 0d00(0, 4)	00d1(1, 3) 0d01(1, 5) d001(1, 9) 010d(4, 5)	d011(3, 11) d101(5, 13) 10d1(9, 11) 1d01(9, 13) 101d(10, 11) 1d10(10, 14)	1d11(11, 15) 11d1(13, 15) 111d(14, 15)	
	0d0d(0, 1, 4, 5)	d0d1(1, 3, 9, 11) dd01(1, 5, 9, 13)	1dd1(9, 11, 13, 15) 1d1d(10, 11, 14, 15)		

▨：主項

つぎに求めた主項から必須主項を選ぶ。表 6.16 における d の項（Min 3, Min 4, Min 5）はカバーする必要がないので，項目として示さない。**表 6.18** に必須主項を求める。この場合，以下に示す 2 通りの必須主項の選択による最小論理和形が考えられる。

表 6.18 必須主項の導出

主　項 (i) \ 最小項 i	0	1	9	10	11	13	14	15
0d0d(0, 1, 4, 5)	○	○						
d0d1(1, 3, 9, 11)		✓	✓		✓			
dd01(1, 5, 9, 13)		□	□			□		
1dd1(9, 11, 13, 15)			△		△	△		△
1d1d(10, 11, 14, 15)				○	○		○	○

①：○と△の組合せの場合は

$$Y = 0d0d + 1d1d + 1dd1$$
$$= \overline{A} \cdot \overline{C} + A \cdot C + A \cdot D$$

②：○と□の組合せの場合は

$$Y = 0d0d + 1d1d + dd01$$
$$= \overline{A} \cdot \overline{C} + A \cdot C + \overline{C} \cdot D$$

6.6 ペトリック関数を用いた必須主項の選択

マクラスキー部と同様に，主項より必須主項を選択する方法として，**ペトリック関数**（Petrick function）が用いられる。この方法では，マクラスキー部における表は作成せずに，代数的な方法によって必須主項を求める。つぎに示す論理和標準形を例として，その手順を説明する。

$Y = \text{Min } 0 + \text{Min } 1 + \text{Min } 9 + \text{Min } 10 + \text{Min } 11 + \text{Min } 13 + \text{Min } 14 + \text{Min } 15$

まず，クワイン部などを使用して，主項 000d(0, 1)，d001(1, 9)，1dd1(9, 11, 13, 15)，1d1d(10, 11, 14, 15) を求める（表 6.8 参照）。以下，ペトリック関数を用いてこれらの主項より必須主項を求める手順を示す。

(手順1) ラベリング

主項についてドント・ケア d を多く含む順にラベルをつける。

  1d1d(10, 11, 14, 15) …… L_1

  1dd1(9, 11, 13, 15) …… L_2

  d001(1, 9) …… L_3

  000d(0, 1) …… L_4

(手順2) 最小項ごとにラベルをまとめる

もとの論理和標準形を構成する最小項に対して，それをカバーする主項のラベルを示す。複数の主項が該当する場合は，それぞれのラベルの論理和として示す。

  Min 0 …… L_4

  Min 1 …… $L_3 + L_4$

  Min 9 …… $L_2 + L_3$

  Min 10 …… L_1

  Min 11 …… $L_1 + L_2$

  Min 13 …… L_2

  Min 14 …… L_1

  Min 15 …… $L_1 + L_2$

（手順3）ペトリック関数を求める

得られたラベルによる項を用いて論理積形 P を求める。ここで P はペトリック関数である。ペトリック関数は**主項関数**（prime implicant function）とも呼ばれる。

$$P = L_4 \cdot (L_3+L_4) \cdot (L_2+L_3) \cdot L_1 \cdot (L_1+L_2) \cdot L_2 \cdot L_1 \cdot (L_1+L_2)$$

求めたペトリック関数に対して，吸収則 $X \cdot (X+Y) = X$ を適用して論理を簡単化する（図 6.5）。

$$P = L_1 \cdot (L_1+L_2) \cdot L_2 \cdot (L_2+L_3) \cdot L_4 \cdot (L_3+L_4) = L_1 \cdot L_2 \cdot L_4$$

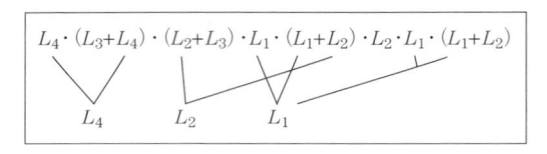

図 6.5　簡　単　化

ペトリック関数を構成する論理積項は $L_1 \cdot L_2 \cdot L_4$ の一つのみであるが，複数の項の論理和になる場合は，いずれの項もそれぞれが最小論理和形を示す。この場合は，使用変数が少ないものを選択する。

（手順4）最小論理和形を求める

得られた積項がそれぞれ最小論理和形の必須主項を示す。

$L_1 = 1\text{d}1\text{d} = A \cdot C$

$L_2 = 1\text{dd}1 = A \cdot D$

$L_4 = 000\text{d} = \overline{A} \cdot \overline{B} \cdot \overline{C}$

すなわち以下の最小論理和形を得る（図 6.6）。

$$Y = A \cdot C + A \cdot D + \overline{A} \cdot \overline{B} \cdot \overline{C}$$

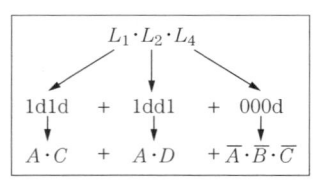

図 6.6　最小論理和形の導出

6.7　ペトリック関数におけるドント・ケアの考慮

ドント・ケア d を含む論理をペトリック関数で扱う場合について，表 6.16 の真理値表を例に説明する。まず，d を 1 として論理和標準形を求める。

6.7 ペトリック関数におけるドント・ケアの考慮

$Y = \text{Min } 0 + \text{Min } 1 + \text{Min } 3 + \text{Min } 4 + \text{Min } 5 + \text{Min } 9 + \text{Min } 10 + \text{Min } 11$
$\qquad + \text{Min } 13 + \text{Min } 14 + \text{Min } 15$ （Min 3＋Min 4＋Min 5 はドント・ケア条件）

クワイン部を用いて以下の主項を求め（表 6.18 参照），ラベリングする。

$\quad$ 0d0d$(0, 1, 4, 5)$ $\qquad\cdots\cdots L_1$

$\quad$ d0d1$(1, 3, 9, 11)$ $\qquad\cdots\cdots L_2$

$\quad$ dd01$(1, 5, 9, 13)$ $\qquad\cdots\cdots L_3$

$\quad$ 1dd1$(9, 11, 13, 15)$ $\qquad\cdots\cdots L_4$

$\quad$ 1d1d$(10, 11, 14, 15)$ $\qquad\cdots\cdots L_5$

つぎにドント・ケア条件である Min 3, Min 4, Min 5 を無視してラベルをまとめ，ペトリック関数 P を求める（図 6.7）。

$\quad$ Min 0 $\qquad\cdots\cdots L_1$

$\quad$ Min 1 $\qquad\cdots\cdots L_1 + L_2 + L_3$

$\quad$ Min 9 $\qquad\cdots\cdots L_2 + L_3 + L_4$

$\quad$ Min 10 $\qquad\cdots\cdots L_5$

$\quad$ Min 11 $\qquad\cdots\cdots L_2 + L_4 + L_5$

$\quad$ Min 13 $\qquad\cdots\cdots L_3 + L_4$

$\quad$ Min 14 $\qquad\cdots\cdots L_5$

$\quad$ Min 15 $\qquad\cdots\cdots L_4 + L_5$

$P = L_1 \cdot (L_1 + L_2 + L_3) \cdot (L_2 + L_3 + L_4) \cdot L_5 \cdot (L_2 + L_4 + L_5) \cdot (L_3 + L_4)$
$\quad \cdot L_5 \cdot (L_4 + L_5)$
$\; = L_1 \cdot (L_1 + L_2 + L_3) \cdot (L_3 + L_4) \cdot (L_2 + L_3 + L_4) \cdot L_5 \cdot (L_2 + L_4 + L_5)$
$\quad \cdot L_5 \cdot (L_4 + L_5)$

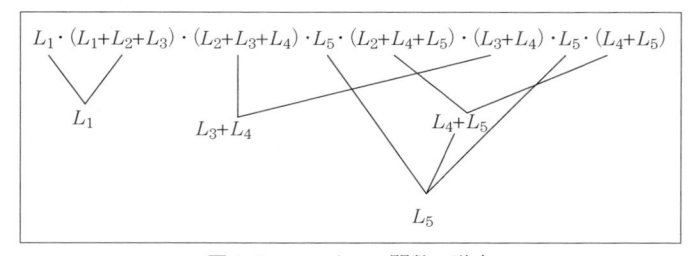

```
┌─────────────────────────────────────────────────────────────────┐
│  L₁·(L₁+L₂+L₃)·(L₂+L₃+L₄)·L₅·(L₂+L₄+L₅)·(L₃+L₄)·L₅·(L₄+L₅)      │
│       V              V              V              V           │
│       L₁           L₃+L₄          L₄+L₅                        │
│                                    L₅                          │
└─────────────────────────────────────────────────────────────────┘
```

図 6.7　ペトリック関数の導出

コーヒーブレイク

「LSI 論理回路のテスト」

　LSI の製造過程において故障を引き起こす要因はさまざまです。例えば，論理回路を構成するトランジスタが壊れたり，信号線がショートやオープンになったりします。LSI を構成する膨大なトランジスタのうちで一つでも故障があると正常に動作しません。しかし，現状では，すべての LSI を正常に製造することは不可能であり，必ず不良品が発生します（業界では製造数に対する良品率を歩留まりと呼びます）。そのため，製造後に必ずテストを行い，不良品を除いています。

　論理回路部分のテストは，入力にテストパターンを与えて出力結果を評価する方法を基本とします。とても簡単な例ですが，2 入力 NAND ゲートの入力をテストする場合を図に示します。入力 B が電源または GND にショートして論理値 1 や 0 に固定されてしまう故障を仮定（モデル化）しています。このような故障モデルを**縮退故障**（stuck-at fault）と呼びます。故障を検出できるパターンは，正常時と故障時で出力結果が異なる必要があります。

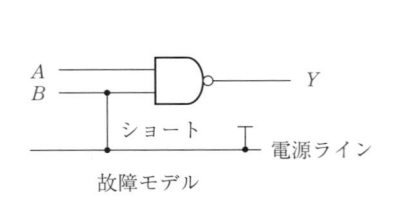

A	B	Y 正常時	故障時	
0	0	1	1	
0	1	1	1	
1	0	1	0	*
1	1	0	0	

* 検出パターン

（a）B が 1 に固定（1 縮退故障）

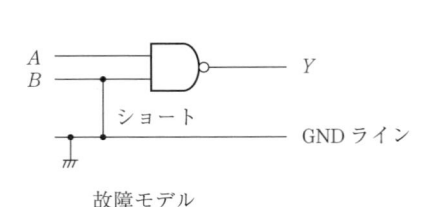

A	B	Y 正常時	故障時	
0	0	1	1	
0	1	1	1	
1	0	1	1	
1	1	0	1	*

* 検出パターン

（b）B が 0 に固定（0 縮退故障）

図　2 入力 NAND ゲートの入力をテストする場合

$$= L_1 \cdot (L_3 + L_4) \cdot L_5$$
$$= L_1 \cdot L_3 \cdot L_5 + L_1 \cdot L_4 \cdot L_5$$

これらの結果より，最小論理和形は $L_1 \cdot L_3 \cdot L_5$ の場合と $L_1 \cdot L_4 \cdot L_5$ の場合の 2 通りが求められる。

$L_1 \cdot L_3 \cdot L_5$ の場合

$\quad$ 0d0d+dd01+1d1d$= \overline{A} \cdot \overline{C} + \overline{C} \cdot D + A \cdot C$

$L_1 \cdot L_4 \cdot L_5$ の場合

$\quad$ 0d0d+1dd1+1d1d$= \overline{A} \cdot \overline{C} + A \cdot D + A \cdot C$

演 習 問 題

[1] つぎの論理和形について以下の問いに答えよ。
$Y = \overline{A} \cdot \overline{B} \cdot \overline{C} \cdot D + \overline{A} \cdot \overline{B} \cdot C \cdot \overline{D} + \overline{A} \cdot \overline{B} \cdot C \cdot D + \overline{A} \cdot B \cdot \overline{C} \cdot \overline{D}$
$\quad + \overline{A} \cdot B \cdot C \cdot \overline{D} + \overline{A} \cdot B \cdot C \cdot D + A \cdot \overline{B} \cdot C \cdot D + A \cdot B \cdot \overline{C} \cdot \overline{D}$

（1） 主項を求めよ。

（2） 最小論理和形を求めよ。

[2] つぎの論理積形について以下の問いに答えよ。
$Y = (A+B+C+D) \cdot (A+B+C+\overline{D}) \cdot (A+\overline{B}+C+D)$
$\quad \cdot (A+\overline{B}+C+\overline{D}) \cdot (A+\overline{B}+\overline{C}+D) \cdot (A+\overline{B}+\overline{C}+\overline{D})$
$\quad \cdot (\overline{A}+\overline{B}+\overline{C}+D) \cdot (\overline{A}+B+\overline{C}+\overline{D})$

（1） 主項を求めよ。

（2） 最小論理積形を求めよ。

[3] 表 6.19 に示す論理を最小論理和形で示せ。

表 6.19

A	B	C	D	Y	A	B	C	D	Y
0	0	0	0	0	1	0	0	0	1
0	0	0	1	0	1	0	0	1	0
0	0	1	0	1	1	0	1	0	0
0	0	1	1	d	1	0	1	1	d
0	1	0	0	1	1	1	0	0	d
0	1	0	1	d	1	1	0	1	1
0	1	1	0	d	1	1	1	0	0
0	1	1	1	0	1	1	1	1	d

順 序 回 路　　7

　順序回路は，状態を記憶する部分を有し，入力状態と記憶された内部状態との組合せによって出力状態を決定する回路である．本章では，順序回路の基本となるラッチとフリップフロップ（FF）について説明した後，順序回路の応用について述べる．

7.1　同期式順序回路と非同期式順序回路

　組合せ回路では，入力の状態に対して一意的に出力状態が決定されたが，**順序回路**（sequential circuit）では，記憶されている現在の内部状態も出力状態を決定する条件となるため，現在の状態と入力状態によってつぎの出力状態が決定される（**図 7.1**）．

　順序回路は，**同期式順序回路**（synchronous sequential circuit）と**非同期式順序回路**（asynchronous sequential circuit）に大別される．同期式順序回路は，動作タイミングを決定する**クロックパルス**（clock pulse）入力を備える**フリップフロップ**（**FF**：flip-flop）によって構成され，回路中のすべてのフリップフロップは基準となる**クロック**（*CK*）に同期して動作する．これに対して，非同期式順序回路では，入力の変化によって動作タイミングが決定される．

　図 7.2 に非同期式順序回路と同期式順序回路の構成例（概念図）を示す．図

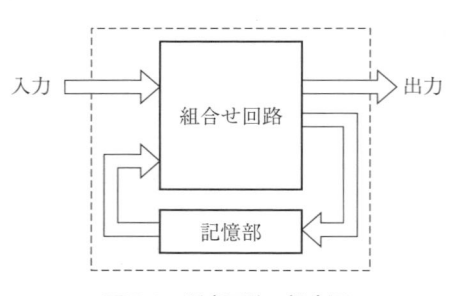

図 7.1　順序回路の概念図

(a) 非同期式順序回路 (b) 同期式順序回路

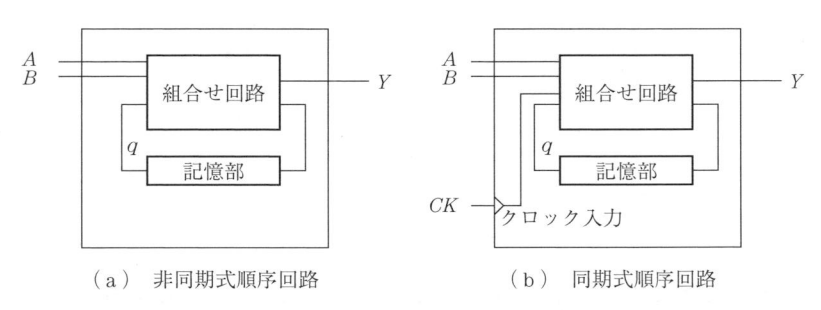

図 7.2 非同期式順序回路と同期式順序回路の構成例（概念図）

7.2(a)の非同期式順序回路では，入力 A, B と内部状態 q の組合せにより出力 Y の状態を決定する。内部状態 q のように状態を入力側に戻すことを**フィードバック**（feedback）といい，その経路のことを**フィードバックループ**（feedback loop）と呼ぶ。図7.2(b)の同期式順序回路では，入力 A, B のほかにクロック CK を持ち，クロックの入力（変化）タイミングに合わせて回路が動作する。

7.2 ラッチ

ラッチ（latch）とは，クロックに動作タイミングを支配されることのない非同期式のデータ保持回路である。おもなものに，**RS ラッチ**と **D ラッチ**がある。RS ラッチは，**非同期式フリップフロップ**と呼ばれることもある。

図 7.3 にゲート回路による RS ラッチの構成例を，図 7.4 に RS ラッチの図記号と機能表を示す。入力 S は **set**（セット），R は **reset**（リセット）を意味し，セット状態は出力 Q を 1 に，リセット状態では出力 Q を 0 にする。入

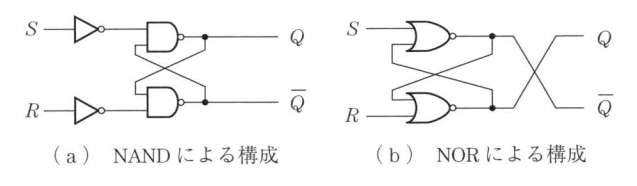

(a) NAND による構成 (b) NOR による構成

図 7.3 ゲート回路による RS ラッチの構成例

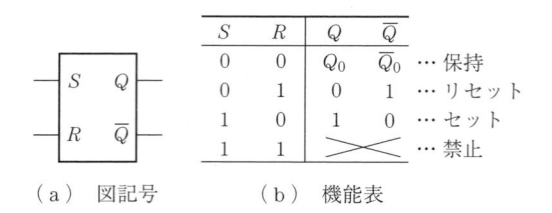

S	R	Q	$\overline{Q}$	
0	0	Q_0	$\overline{Q}_0$	…保持
0	1	0	1	…リセット
1	0	1	0	…セット
1	1	✕	✕	…禁止

（a）図記号　　　（b）機能表

図 7.4　RS ラッチ

力 S, R がともに 1 になる入力状態は禁止している．また，$\overline{Q}$ は出力 Q の否定出力であり，機能表における表記 Q_0 と $\overline{Q}_0$ は，前状態の保持を意味する．図 7.5 に RS ラッチの動作をタイミングチャート例で示す．

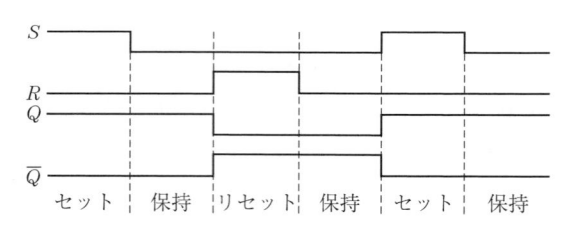

図 7.5　RS ラッチの動作（タイミングチャート例）

例題 7.1　図 7.4 の RS ラッチに図 7.6 のような入力を与えたときのタイミングチャートを示せ．

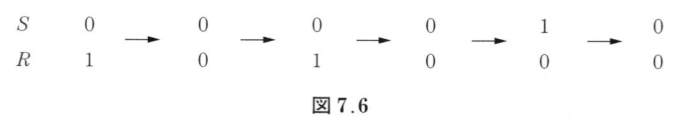

| S | 0 | → | 0 | → | 0 | → | 0 | → | 1 | → | 0 |
| R | 1 | | 0 | | 1 | | 0 | | 0 | | 0 |

図 7.6

解答例　図 7.7 にタイミングチャートを示す．

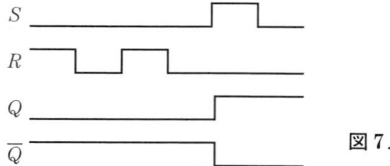

図 7.7　タイミングチャート

7.2 ラッチ

図 7.8 に D ラッチの図記号と機能表を示す。D ラッチは，入力 D に与えられたデータを保持する用途に用いられる。入力 D はゲート信号 G（gate）によって取り込みが制御される。データは $G=1$ のときに更新され，$G=0$ のときは保持される。図 7.9 に D ラッチの動作をタイミングチャート例で示す。

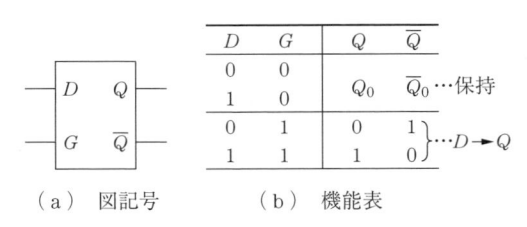

D	G	Q	$\overline{Q}$	
0	0	Q_0	$\overline{Q}_0$	…保持
1	0			
0	1	0	1	…$D \rightarrow Q$
1	1	1	0	

（a）図記号　　　（b）機能表

図 7.8　D ラッチ

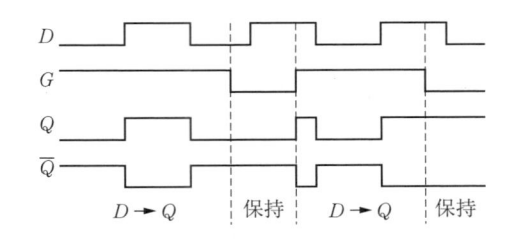

図 7.9　D ラッチの動作（タイミングチャート例）

例題 7.2　図 7.8 の D ラッチに図 7.10 のような入力を与えたときのタイミングチャートを示せ。

$$
\begin{array}{ccccccccccc}
D & 0 & \rightarrow & 1 & \rightarrow & 0 & \rightarrow & 0 & \rightarrow & 1 & \rightarrow & 0 \\
G & 1 & & 1 & & 1 & & 0 & & 0 & & 0
\end{array}
$$

図 7.10

解答例　図 7.11 にタイミングチャートを示す。

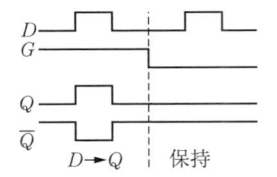

図 7.11　タイミングチャート

7.3 フリップフロップ

フリップフロップ（FF）は，クロックで動作タイミングが決定される同期式の回路である．クロックが変化した時点での入力信号を内部に取り込み，機能する．クロックが 0 から 1 へ変化することをクロックが立ち上がる，クロックが 1 から 0 へ変化することをクロックが立ち下がるという．クロックの立上りに同期するものを**ポジティブエッジトリガ型**，クロックの立下りに同期するものを**ネガティブエッジトリガ型**と呼ぶ．おもなフリップフロップに，RS (reset set)-FF，D(delay)-FF，T(toggle)-FF がある．

図 7.12 に RS-FF の図記号と機能表を示す．RS ラッチと同様にセット，リセット，保持を行うが，その動作タイミングはクロック CK によって決定される．図 7.13 に RS-FF の動作をタイミングチャート例で示す．図における出力 Q のハッチ部分は，クロックが与えられる前の不定状態を示す．また，

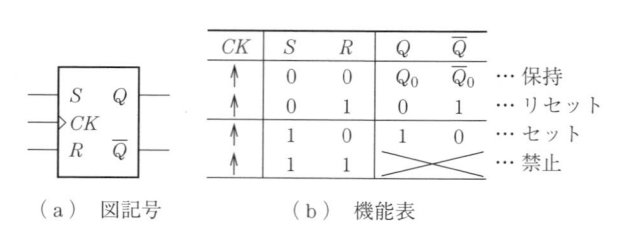

CK	S	R	Q	$\overline{Q}$	
↑	0	0	Q_0	$\overline{Q}_0$	…保持
↑	0	1	0	1	…リセット
↑	1	0	1	0	…セット
↑	1	1	×	×	…禁止

（a）図記号　　　（b）機能表

図 7.12　RS-FF

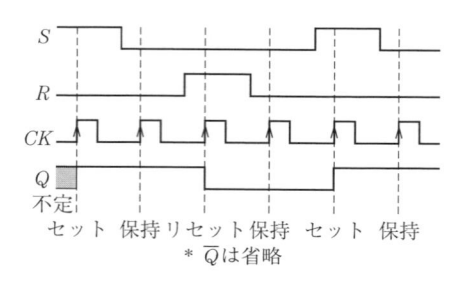

図 7.13　RS-FF の動作（タイミングチャート例）

クロック波形 CK に示した上向きの矢印は，クロックの立上りを強調するために付加したものである。

図 7.14 に D-FF の図記号と機能表を示す。クロック CK に同期してデータの更新を行う。図 7.15 に D-FF の動作をタイミングチャート例で示す。

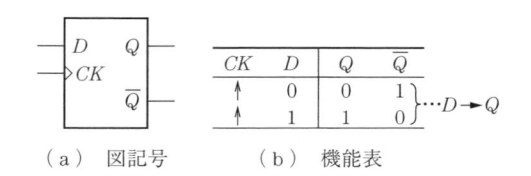

CK	D	Q	$\overline{Q}$
↑	0	0	1
↑	1	1	0

$\}\cdots D\rightarrow Q$

(a) 図記号　　(b) 機能表

図 7.14　D-FF

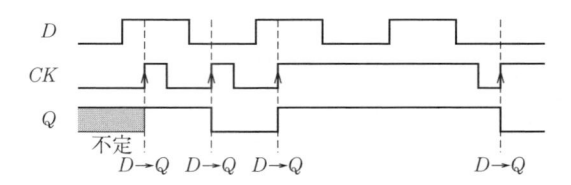

図 7.15　D-FF の動作（タイミングチャート例）

例題 7.3　図 7.14 の D-FF の動作を示すタイミングチャート例を図 7.16 に示す。出力 Q を記入して完成せよ。

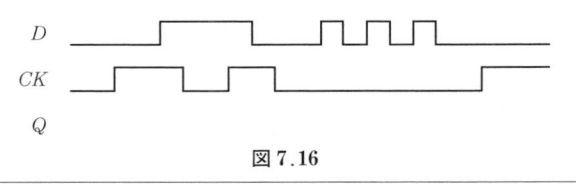

図 7.16

解答例　図 7.17 に出力 Q を記入したタイミングチャートを示す。

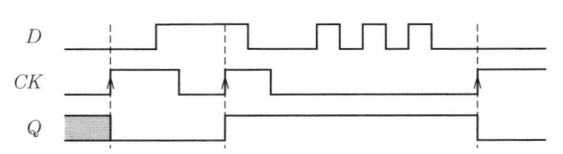

図 7.17

7. 順序回路

図7.18にT-FFの図記号と機能表を示す。制御入力 T が1のときはクロック CK に同期してデータの反転（1は0に，0は1に）を行う。T が0のときはクロックが入力されても状態を保持する（変化なし）。図7.19にT-FFの動作をタイミングチャート例で示す。この場合，あらかじめ出力 Q は0に初期化されているとする。

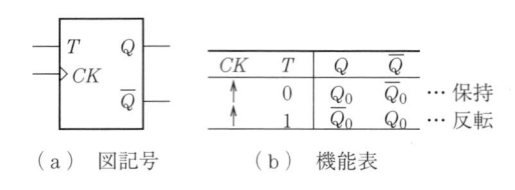

CK	T	Q	$\overline{Q}$	
↑	0	Q_0	$\overline{Q_0}$	…保持
↑	1	$\overline{Q_0}$	Q_0	…反転

（a）図記号　　　（b）機能表

図7.18　T-FF

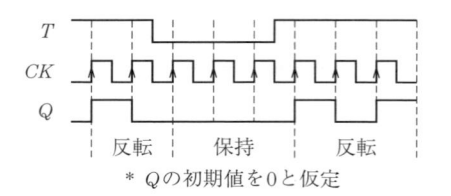

図7.19　T-FFの動作（タイミングチャート例）

＊ Q の初期値を0と仮定

例題 7.4　図7.18のT-FFの動作を示すタイミングチャート例を図7.20に示す。出力 Q を記入して完成せよ。ただし，出力 Q は1に初期化されているものとする。

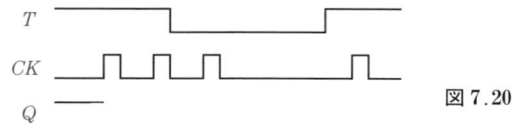

図7.20

解答例　図7.21に出力 Q を記入したタイミングチャートを示す。

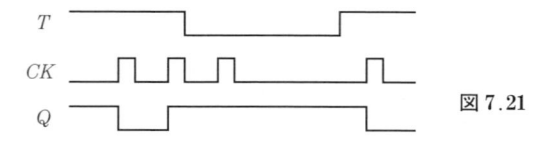

図7.21

つぎにネガティブエッジトリガ型のフリップフロップについて説明を行う。図7.22にネガティブエッジトリガ型のD-FFの図記号と機能表を示す。ネガティブエッジトリガ型では図記号のクロック部に反転記号を示す○が付加され，クロックの立下りに同期して動作する。

図7.23にネガティブエッジトリガ型D-FFの動作をタイミングチャート例で示す。

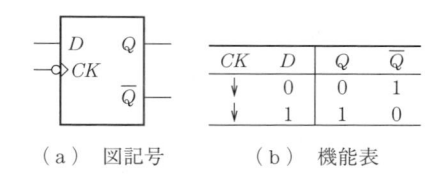

CK	D	Q	$\overline{Q}$
↓	0	0	1
↓	1	1	0

(a) 図記号　　(b) 機能表

図7.22 ネガティブエッジトリガ型D-FF

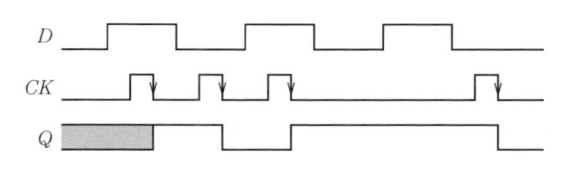

図7.23 ネガティブエッジトリガ型D-FFの動作（タイミングチャート例）

7.4 レジスタとシフトレジスタ

レジスタ（register）は複数のDラッチやD-FFで構成され，データを蓄える用途で用いられる。図7.24にDラッチで構成される非同期式4ビットレジスタを示す。ゲート信号Gが1のときに4ビット入力D_0〜D_3をQ_0〜Q_3に伝達し，Gが0のときは入力データの変化にかかわらずデータを保持する。

図7.25にD-FFで構成される同期式4ビットレジスタを示す。このレジスタは，4個のD-FFが共通のクロックCKに同期して動作する。

70   7. 順 序 回 路

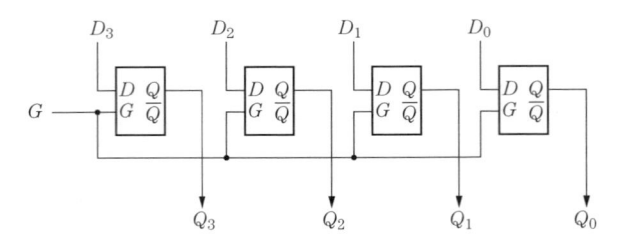

図 7.24 非同期式 4 ビットレジスタ

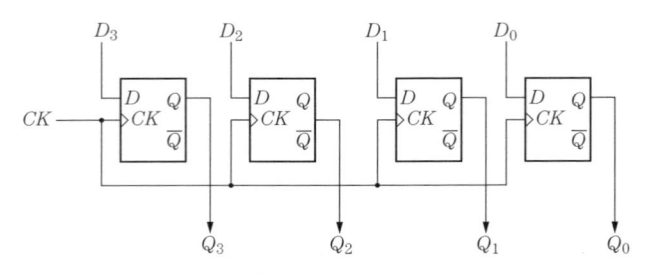

図 7.25 同期式 4 ビットレジスタ

例題 7.5 図 7.26 に示す回路のタイミングチャートを完成し，非同期式レジスタと同期式レジスタの動作の違いを考察せよ．

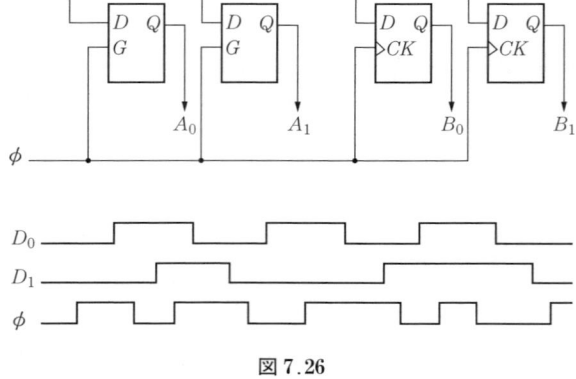

図 7.26

解答例 タイミングチャートに示されるように，非同期式のレジスタは制御信号 ϕ が 1 の間は入力をそのまま出力に伝達する．これに対して，同期式のレジスタは，制御信号 ϕ の立上り時の入力のみを出力に伝達する（図 7.27）．

図 7.27

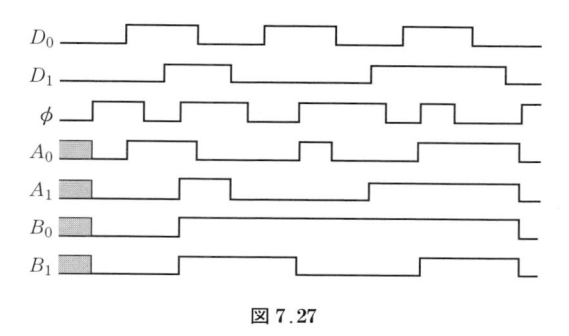

シフトレジスタ（shift register）は，レジスタを構成するそれぞれの FF データをクロック入力のたびに隣の FF に移動（シフト）させるもので，同期式レジスタを基に構成される．データの入力および出力の形式によって，直列入力/並列入力，直列出力/並列出力のタイプがある．図 7.28 に 4 ビットの直列入力並列出力型シフトレジスタの構成，図 7.29 にその動作をタイミングチャート例で示す．タイミングチャートにおいて，クロックの立上りのたびに

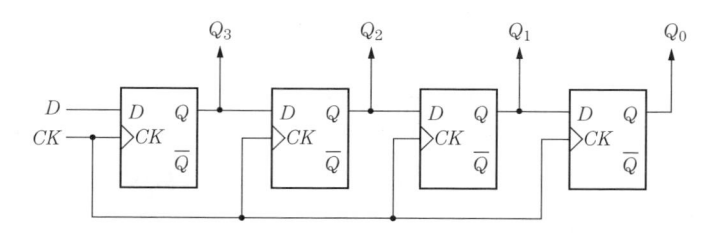

図 7.28 直列入力並列出力型シフトレジスタの構成

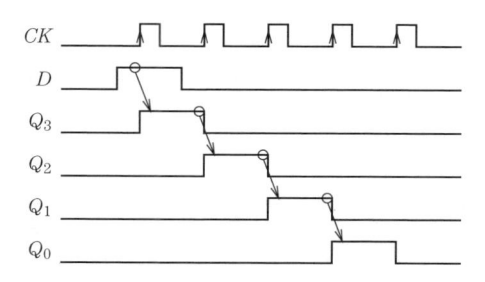

図 7.29 直列入力並列出力型シフトレジスタの動作
（タイミングチャート例）

$D \to Q_3$, $Q_3 \to Q_2$, $Q_2 \to Q_1$, $Q_1 \to Q_0$ とデータがシフトする。シフトレジスタの構成において最終段の出力 Q_0 のみを使用するものを直列出力型と呼ぶ。

図 7.30 に並列入力並列出力型シフトレジスタの構成を示す。並列入力型のシフトレジスタでは，一度にすべての FF にデータを取り込む（ロードする）機能を備える。図 7.30 の制御入力 $SH/\overline{LD}$ が 1 のときは，クロック CK によってシフト動作を行い，$SH/\overline{LD}$ が 0 のときはクロック CK によって D_0 から D_3 のデータを FF にロードする。

* D：シフト時の直列入力

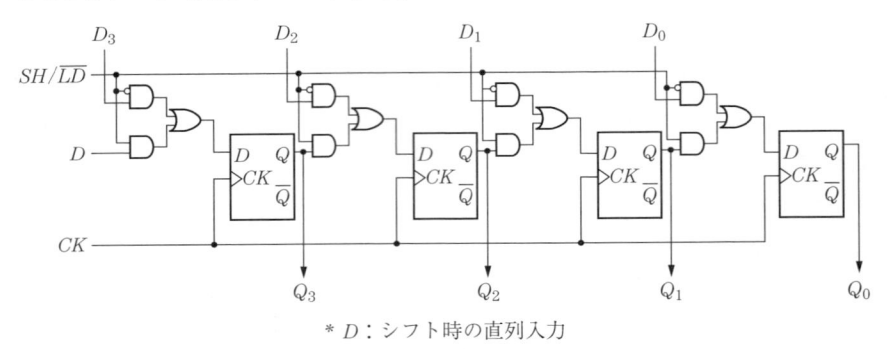

図 7.30 並列入力並列出力型シフトレジスタの構成

例題 7.6 図 7.29 のタイミングチャートにおいて，クロック入力後の 4 ビットの出力を $V = Q_3 Q_2 Q_1 Q_0$ の 2 進数として考えた場合，クロックの入力回数 $n：0 \sim 5$（シフト回数）と 2 進数 V の対応を表に示せ。

解答例 表 7.1 にシフト回数 n に対応する出力 V を示す。

表 7.1

シフト回数 n	0	1	2	3	4	5
$V = Q_3 Q_2 Q_1 Q_0$	0000	1000	0100	0010	0001	0000

7.5 カウンタ

カウンタ（counter）は，クロックの入力回数を計測する回路であり，ク

ロックの扱いによって，同期式カウンタと非同期式カウンタに分けられる。同期式では，構成するすべての FF が共通のクロックで制御され，同一のタイミングで動作する。これに対して，非同期式では，共通のクロックを用いないため，FF ごとに異なるタイミングで動作する。**図 7.31** に非同期式 2^n 進（ビット）カウンタの構成を示す。この回路はビット数分の T-FF で構成され，クロックの入力のたびにカウントアップ動作し，2^n 回目のクロック入力で一巡する。各 FF において，前段の出力を次段のクロックとして用いているため，信号が FF をつぎからつぎへと**波**（リプル）のように伝わることから，**リプルカウンタ**（ripple counter）**型**と呼ばれる。リプルカウンタでは，入力クロックからの出力応答時間にばらつきが発生することや，後段になるほど動作遅延時間が蓄積されるなどの欠点を持つ（例題 7.8 参照）。

非同期式カウンタの動作例として，図 7.31（$n=4$）の非同期式 16 進アップカウンタの動作をタイミングチャートに示す（**図 7.32**）。タイミングチャート

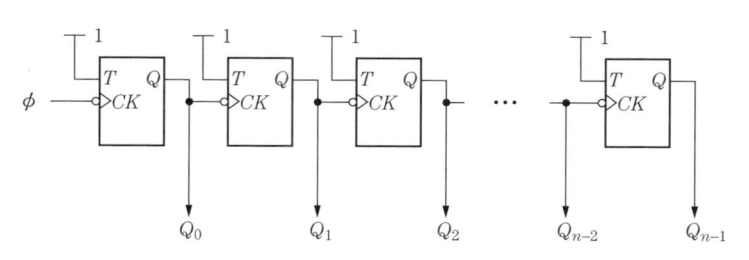

図 7.31 非同期式 2^n 進（ビット）カウンタの構成

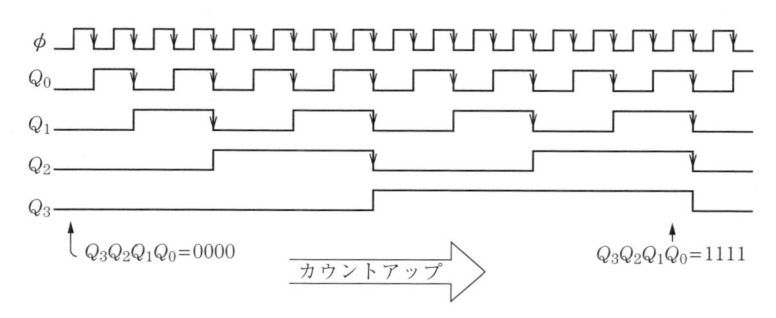

図 7.32 非同期式 16 進アップカウンタの動作（タイミングチャート例）

コーヒーブレイク

「同期式順序回路のタイミングチャート」

　同期式順序回路では，クロックの変化時のフリップフロップの入力のみに注目して動作を追い，その出力応答をタイミングチャートに示すことで動作の流れをつかむことができます。しかし，シフトレジスタなど，ほかのフリップフロップの出力情報を入力として使う回路では，ときどき解析を誤ってしまうことがあります。

　この原因として，クロック入力に対する出力応答の遅延時間を無視していることが考えられます。実際のデバイスでは，信号が回路を通過する際に必ず遅延時間が発生するため，複数の信号が変化する場合は，それらの順序関係を考慮する必要があります。図(b)，(c)に遅延時間を考慮したタイミングチャートを示します。

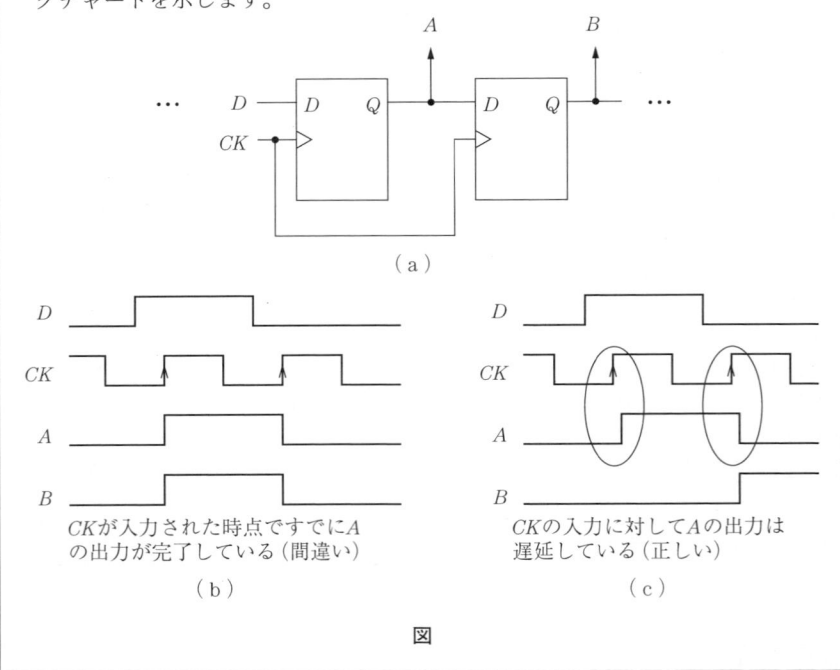

(a)

CK が入力された時点ですでに A の出力が完了している（間違い）

(b)

CK の入力に対して A の出力は遅延している（正しい）

(c)

図

7.5 カウンタ

において，すべてのFFはリセット状態に初期化されているものとする。

例題 7.7 図 7.33 に示すカウンタの動作タイミングチャートを完成せよ。ただし，すべてのFFは状態1に初期化されているものとする。

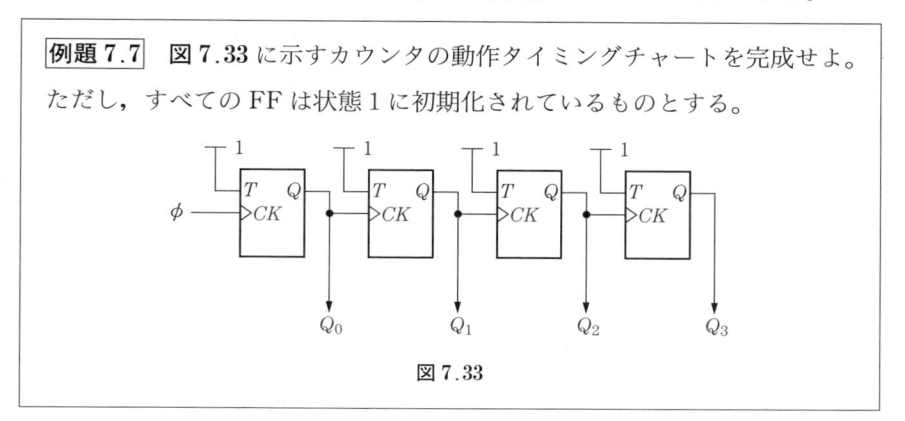

図 7.33

解答例 図 7.34 にタイミングチャートを示す。このカウンタは，クロックの入力のたびにカウントダウンを行う。

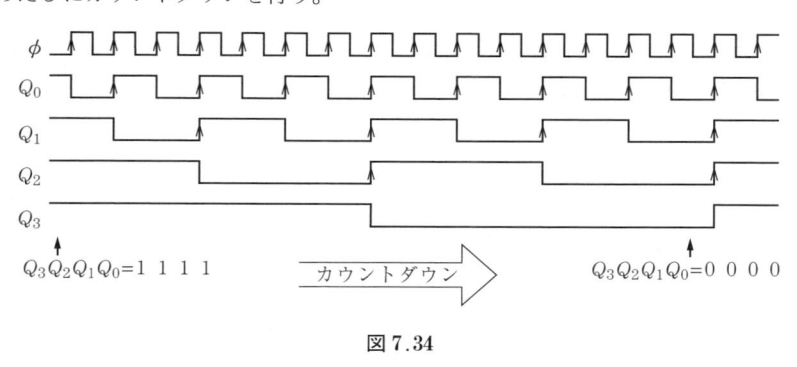

$Q_3Q_2Q_1Q_0 = 1\ 1\ 1\ 1$　カウントダウン　$Q_3Q_2Q_1Q_0 = 0\ 0\ 0\ 0$

図 7.34

例題 7.8 図 7.31 の非同期式カウンタについて $n=3$ の動作を考える。このとき各FFの動作遅延時間を考慮し，クロック入力から出力までの遅延時間をタイミングチャートにおける遅れで示すとする。すべてのFFがリセットされている状態からのカウント動作をタイミングチャートに示せ。

解答例 図 7.35 にタイミングチャート例を示す。FFの遅延の蓄積と出力タイミングのばらつきに注目されたい。

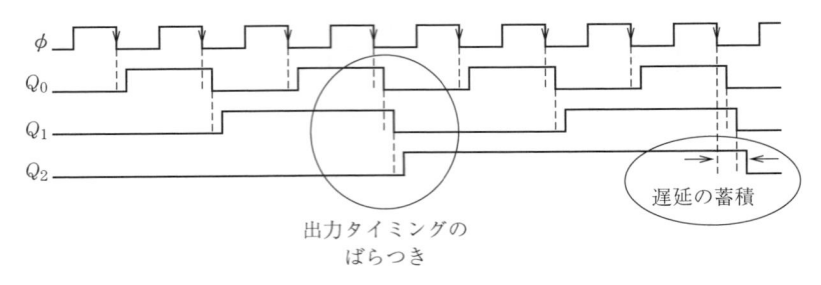

図 7.35

図 7.36 に同期式 2^n 進（ビット）カウンタの構成を示す。この回路はすべての T-FF のクロックが共通であるため，非同期式のカウンタにおける遅延の蓄積や出力タイミングのばらつきが少ないという利点がある。同期式カウンタの動作例として，図 7.36（$n=4$）の同期式 16 進アップカウンタの動作をタイミングチャートに示す（**図 7.37**）。タイミングチャートにおいて，すべての FF はリセット状態に初期化されているものとする。

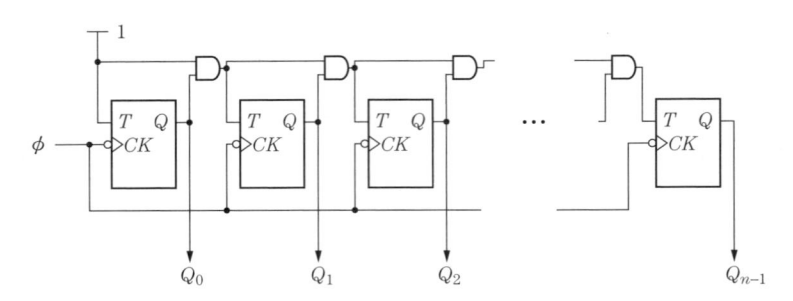

図 7.36 同期式 2^n 進（ビット）カウンタの構成

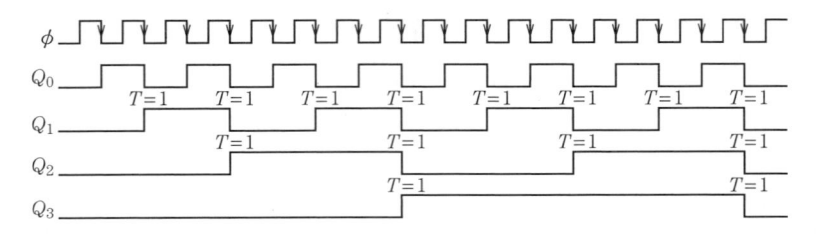

図 7.37 同期式 16 進アップカウンタの動作（タイミングチャート例）

例題 7.9 図 7.36 の同期式カウンタについて $n=3$ の動作を考える。このとき各 FF の動作遅延時間を考慮し，クロック入力から出力までの遅延時間をタイミングチャートにおける遅れで示すこととする。すべての FF がリセットされている状態からのカウント動作をタイミングチャートに示せ。

解答例 図 7.38 にタイミングチャート例を示す。例題 7.8 の非同期式カウンタの場合と比較されたい。

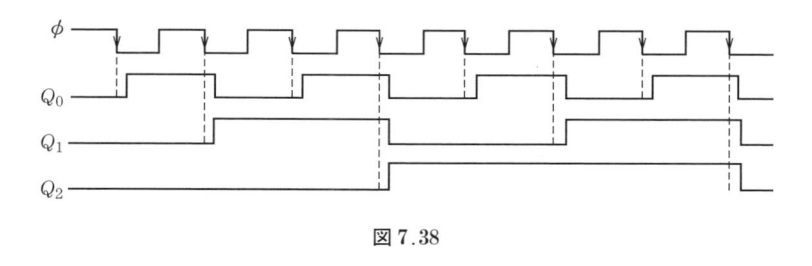

図 7.38

演 習 問 題

1. 図 7.30 の並列入力並列出力型シフトレジスタに図 7.39 のタイミングを与えたときの出力をタイミングチャートに示せ。

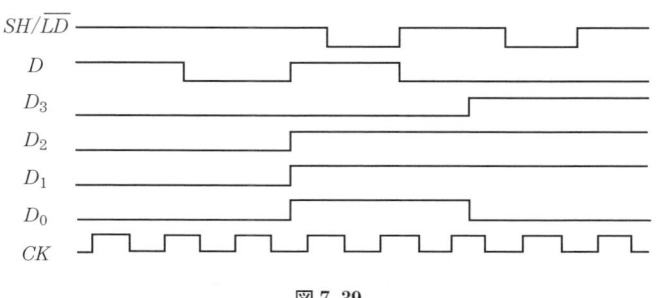

図 7.39

2 図 7.40 の回路に関して，クロックの入力回数 n（1〜15 回）に対応する出力 $D_3 D_2 D_1 D_0$ を 2 進数で示せ。ただし $n=0$ のときの初期値を $=0001$ とする。

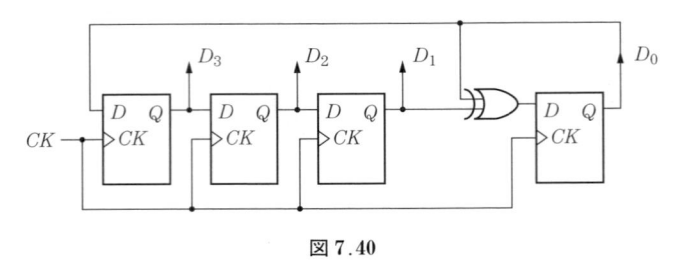

図 7.40

3 図 7.41 の回路にクロック CK を 10 回入力した場合のタイミングチャートを作成せよ。ただし初期値は $X_0 = X_1 = X_2 = 0$ とする。

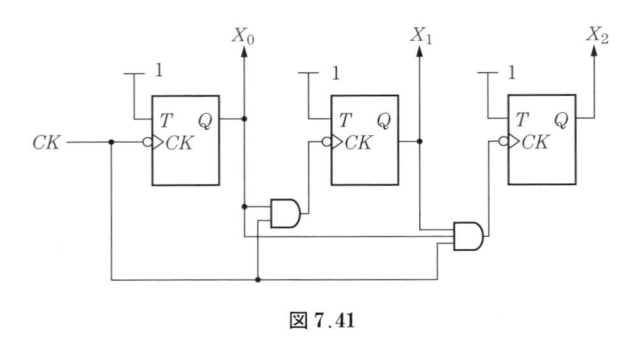

図 7.41

4 つぎの（1）〜（3）の場合の出力をタイミングチャートに示せ。

（1） 図 7.8 の D ラッチに図 7.42 のタイミングを与える。

図 7.42

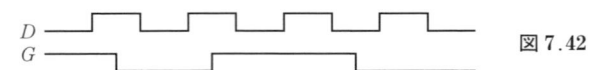

（2） 図 7.14 の D-FF に図 7.43 のタイミングを与える。

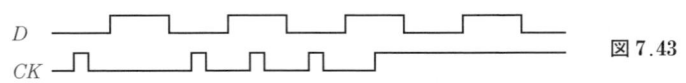

図 7.43

（3） 図 7.28 の直列入力並列出力型シフトレジスタに図 7.44 のタイミングを与える。ただし初期値を $Q_3 Q_2 Q_1 Q_0 = 0000$ とする。

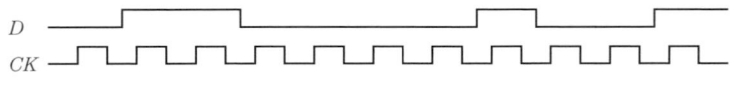

図 7.44

組合せ回路の設計　8

組合せ回路を設計するには，まず設計対象となる回路の機能を決定し，つぎにその機能に従って論理設計を行う。この段階で，規模が大きく複雑なものに対しては，機能分割を行い，設計を進める。

本章では，組合せ回路を対象として，機能分割，論理回路設計，実回路における設計上の配慮などについて解説する。

8.1 機　能　設　計

機能設計の工程では，これから設計しようとするシステムの仕様をまとめ，正確に表現を行う。この段階であいまいな部分や矛盾を含む場合は，後の論理設計や回路設計において不具合を生じ，設計の手直しや戻りを生じてしまうことになる。

8.1.1　機能設計手順

機能設計では，システムをブラックボックスとして扱い，入出力信号とその役割について定める。システムの規模が大きくなる場合は，必要に応じてシステムの機能を分割し，モジュール（ブロック）として定義し，モジュール間の信号の受け渡し（インタフェース仕様）を考え，モジュールごとに機能設計を行う（図 8.1）。

8.1.2　全体ブロック図の作成

システム全体の入出力を考え，信号数と信号の役割について決定し，ブロック

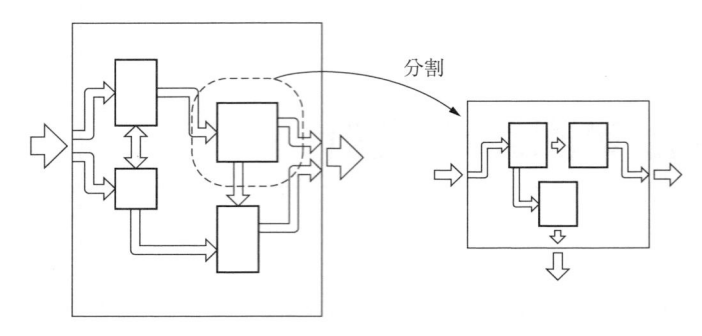

図8.1　機能分割のイメージ

図と信号役割表にまとめる。設計例として4ビットの加算回路について考える。

4ビットの加算回路の機能は，「4桁の2進数を加算すること」であり，図8.2のように考えて，4ビットの入力2組と5ビットの出力1組を入出力として決定する。

つぎに，信号の機能がわかるように信号名を決定し，全体ブロック図と信号名役割表を作成する（図8.3，表8.1）。

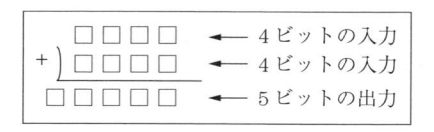

図8.2　4桁の2進数の加算

図8.3　全体ブロック図
（4桁の加算回路）

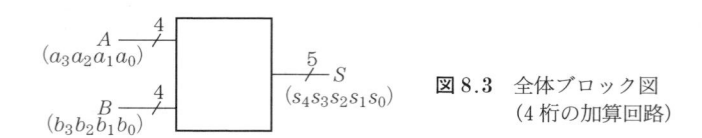

表8.1　信号名役割表（4桁の加算回路）

	信号名	役割
入力	$A : a_3 a_2 a_1 a_0$	4ビットの加算入力
	$B : b_3 b_2 b_1 b_0$	4ビットの加算入力
出力	$S : s_4 s_3 s_2 s_1 s_0$	5ビットの加算出力

8.1.3 機 能 分 割

全体のブロックをモジュールとして**機能分割**する。大規模なシステムの場合は，機能分割を繰り返し階層化する。階層が増すにつれて各モジュールの機能は単純になっていくが，モジュール間の信号遅延が増大する場合があるので，機能分割の際は特性的な配慮も必要である。以下に機能分割のポイントを示す。

- 同一の機能を持つ部分は再利用可能なモジュールとして分割する（使用モジュール数を減らす）。
- 信頼性の面より，モジュールに汎用性を持たせ同種のモジュールを活用する（実績のあるモジュールを使う）。
- 機能の変更や拡張が予想される場合は，その影響を受けるモジュール数が少なくなるように配慮しておく（変更箇所を減らす）。
- 応答速度やタイミングを重視する箇所の分割の際は，特性の悪化を十分に考慮する（クリティカルパスを把握する）。

図 8.3 の全体ブロック図を使用した 4 桁の加算を**図 8.4**に示す。1 桁目では，$a_0 + b_0$ を s_0 に求め，つぎの桁に繰上りを伝える。また，i 桁目($i=2 \sim 4$)では，前段からの繰上りに a_i と b_i を加算して s_i を求め，つぎの段に繰上りを伝える。すなわち，1 ビット目に半加算器を使用し 2 ビット目以降には全加算器を使用して機能分割することができる。さらに，繰上り入力を 0 に固定した全加算器を半加算器として使用し，すべて同一のモジュールで構成する

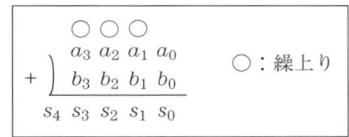

図 8.4　4 桁の加算（図 8.3 全体ブロック図による）

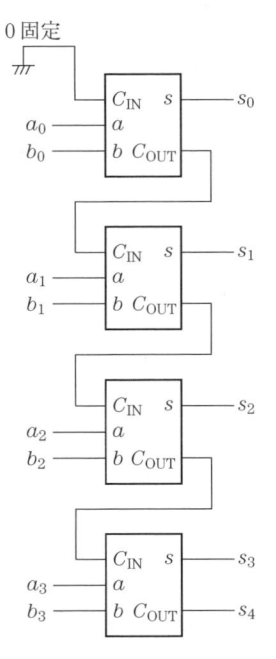

図 8.5　機 能 分 割
（4 桁の加算回路）

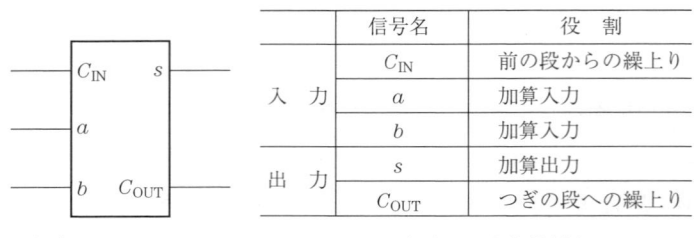

	信号名	役割
入力	C_{IN}	前の段からの繰上り
入力	a	加算入力
入力	b	加算入力
出力	s	加算出力
出力	C_{OUT}	つぎの段への繰上り

(a) ブロック図　　　　(b) 入出力役割表

図 8.6　モジュールの仕様（全加算器）

ことができる。

機能分割の結果を**図 8.5** に示す。また，ブロック図と信号役割表を用い，機能分割したモジュールの仕様を**図 8.6** に示す。

表 8.2　真理値表（図 8.6 のモジュール）

入力			出力	
C_{IN}	a	b	C_{OUT}	s
0	0	0	0	0
0	0	1	0	1
0	1	0	0	1
0	1	1	1	0
1	0	0	0	1
1	0	1	1	0
1	1	0	1	0
1	1	1	1	1

8.1.4　機能の表現

機能表や真理値表を用いて分割したモジュールごとに機能を表現する。図 8.6 のモジュールの機能を，表 8.2 の真理値表にまとめる。

8.2　論 理 設 計

論理設計の工程では，機能設計工程で作成したブロック図や真理値表を論理で表現する。論理の表現にはいく通りもの解があるが，ハードウェア量や特性面より論理は簡単なものが望ましい。

8.2.1　論理設計手順

組合せ回路の論理設計手順を**図 8.7** に示す。ここでは，機能設計の工程で表現した機能を最小論理和形や最小論理積形として求め，論理式や論理回路で表現する。

8.2 論理設計

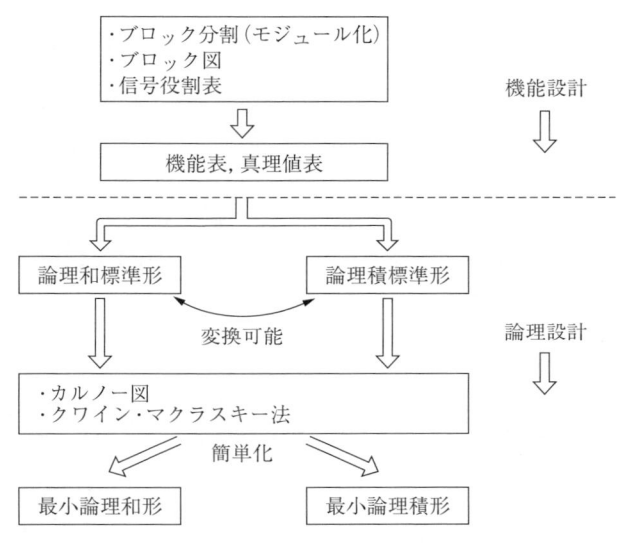

```
・ブロック分割（モジュール化）
・ブロック図                   機能設計
・信号役割表
         ↓
    機能表, 真理値表
- - - - - - - - - - - - - - - - - - - - - - - - -
   ↙           ↘
論理和標準形   論理積標準形      論理設計
       変換可能
   ↓           ↓
・カルノー図
・クワイン・マクラスキー法
         簡単化
   ↙           ↘
最小論理和形   最小論理積形
```

図 8.7　論理設計手順

8.2.2　標準形を求める

表 8.2 の真理値表から標準形を求める。ここでは論理和標準形を考え，出力 s と出力 C_{OUT} のそれぞれについて，出力 1 に注目して論理和標準形を求める。

$$s = \overline{C_{IN}} \cdot \overline{a} \cdot b + \overline{C_{IN}} \cdot a \cdot \overline{b} + C_{IN} \cdot \overline{a} \cdot \overline{b} + C_{IN} \cdot a \cdot b$$

$$C_{OUT} = \overline{C_{IN}} \cdot a \cdot b + C_{IN} \cdot \overline{a} \cdot b + C_{IN} \cdot a \cdot \overline{b} + C_{IN} \cdot a \cdot b$$

8.2.3　簡　単　化

カルノー図やクワイン・マクラスキー法を用いて論理を最小形に簡単化する。ここでは，カルノー図を使用して簡単化を行い最小論理和形で表現する。図 8.8 のカルノー図において，C_{OUT} は簡単化することができるが，s は簡単化することができない。

$$s = \overline{C_{IN}} \cdot \overline{a} \cdot b + \overline{C_{IN}} \cdot a \cdot \overline{b} + C_{IN} \cdot \overline{a} \cdot \overline{b} + C_{IN} \cdot a \cdot b$$

$$C_{OUT} = C_{IN} \cdot a + C_{IN} \cdot b + a \cdot b$$

求めた論理を論理回路で表現し，図 8.9 に示す。

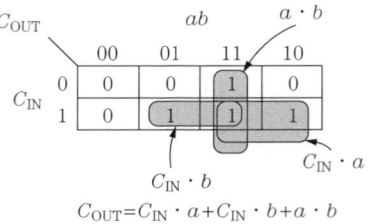

8. 組合せ回路の設計

C_{IN} \ ab	00	01	11	10
0	0	1	0	1
1	1	0	1	0

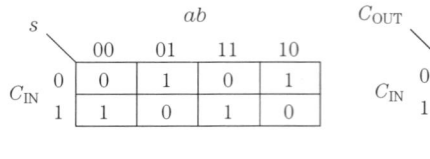

$s = \overline{C}_{IN} \cdot \overline{a} \cdot b + \overline{C}_{IN} \cdot a \cdot \overline{b} + C_{IN} \cdot \overline{a} \cdot \overline{b} + C_{IN} \cdot a \cdot b$

（a）簡単化できない

C_{OUT} \ ab	00	01	11	10
0	0	0	1	0
1	0	1	1	1

$C_{OUT} = C_{IN} \cdot a + C_{IN} \cdot b + a \cdot b$

（b）簡単化できる

図 8.8 簡 単 化

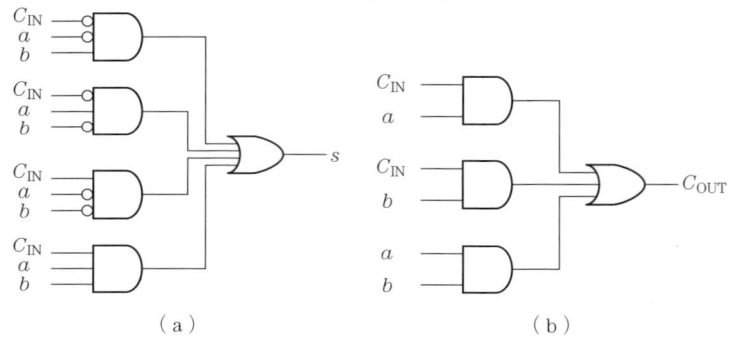

（a）

（b）

図 8.9 論 理 回 路

例題 8.1 表 8.2 の真理値表に示されるモジュールを論理設計し，最小論理積形の論理式で示せ。

解答例 図 8.8 に示されるカルノー図の論理 0 に注目して簡単化を行う。図 8.10 のカルノー図よりつぎの最小論理積が求められる。

$s = (C_{IN} + a + b) \cdot (C_{IN} + \overline{a} + \overline{b}) \cdot (\overline{C}_{IN} + a + \overline{b}) \cdot (\overline{C}_{IN} + \overline{a} + b)$

$C_{OUT} = (C_{IN} + a) \cdot (C_{IN} + b) \cdot (a + b)$

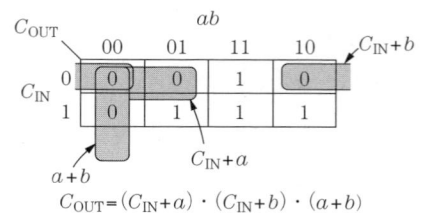

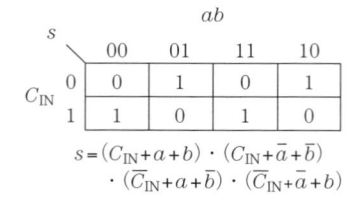

C_{IN} \ ab	00	01	11	10
0	0	1	0	1
1	1	0	1	0

$s = (C_{IN} + a + b) \cdot (C_{IN} + \overline{a} + \overline{b}) \cdot (\overline{C}_{IN} + a + \overline{b}) \cdot (\overline{C}_{IN} + \overline{a} + b)$

（a）簡単化できない

C_{OUT} \ ab	00	01	11	10
0	0	0	1	0
1	0	1	1	1

$C_{OUT} = (C_{IN} + a) \cdot (C_{IN} + b) \cdot (a + b)$

（b）簡単化できる

図 8.10

8.3 ゲート遅延の考慮

図 8.11 に CMOS トランジスタによるゲート回路の構成例を示す。これまで，論理回路についてその遅延時間を 0 として考えてきたが，実際のデバイスでは，構成するトランジスタの応答時間や信号遅延時間が存在するため，入力数の増加や回路規模に応じた出力遅延時間が発生する。

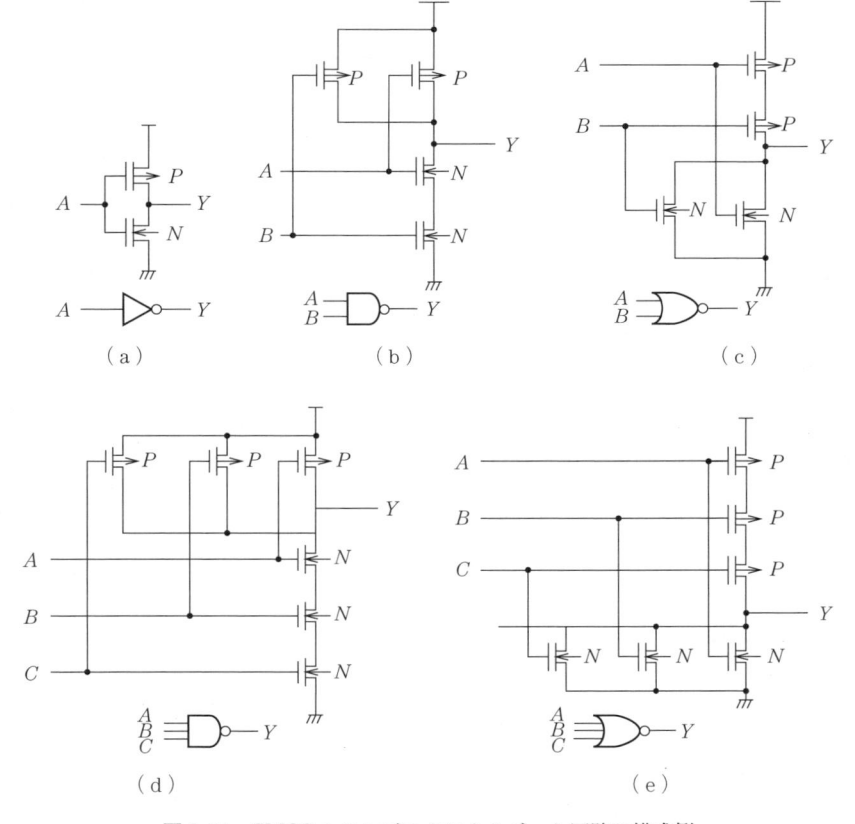

図 8.11 CMOS トランジスタによるゲート回路の構成例

8.3.1 ゲート遅延とは

図 8.12 に NOT ゲート 1 段分の遅延時間を t と仮定し，遅延時間を考慮したタイミングチャートを例示する．論理的には，入力 A と出力 Y の論理は同一であるが，入出力間で 2 段分の遅れ $2t$ が生じることを示している．

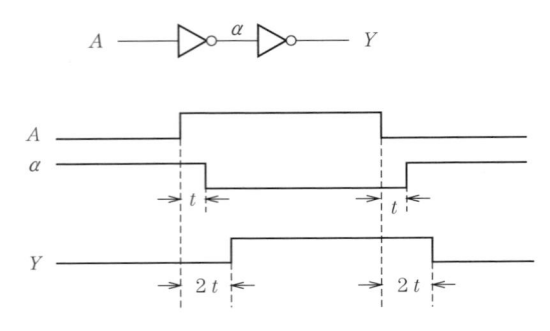

図 8.12 遅延時間を考慮したタイミングチャート例

8.3.2 ハザードとは

ハザード (hazard) とは，入力信号の遅れやばらつきなどのタイミング的要因によって生じる一時的な誤出力のことで，**静的ハザード** (static hazard) と**動的ハザード** (dynamic hazard) がある．静的ハザードは，出力が定常状態での誤出力であり，0 出力を 0 ハザード，1 出力を 1 ハザードと呼ぶ．これに対して，出力変化時における過渡的な誤出力を動的ハザードと呼ぶ（**図 8.13**）．

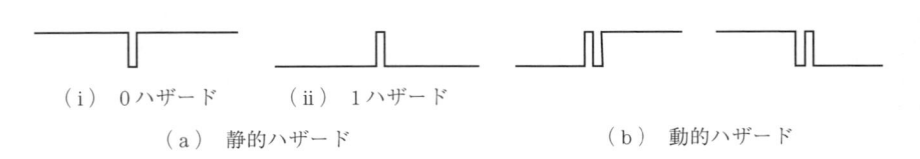

　　（ⅰ）0 ハザード　　（ⅱ）1 ハザード
　　　　（a）静的ハザード　　　　　　（b）動的ハザード

図 8.13 ハザードの種類

8.3 ゲート遅延の考慮

論理的には問題のない場合でも，ハザードの発生によって次段以降の回路の誤動作を引き起こす可能性がある。そのため，ハザード対策を施し，その発生を抑えるか除去する必要がある。図 8.14 の回路を例にハザードについて考える。

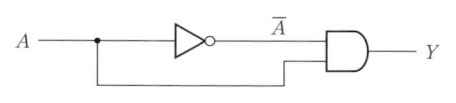

図 8.14 ハザードを発生する回路

回路の論理式は，$Y = A \cdot \overline{A}$ であり，捕元律により $Y = 0$ となり入力 A の状態にかかわらず出力はつねに 0 となる。この回路を構成するゲート素子の遅延時間を t としたときのタイミングチャート例を図 8.15 に示す。

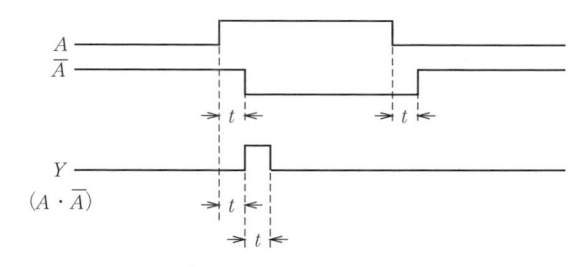

図 8.15 タイミングチャート例（図 8.14 の回路）

ゲート遅延時間 t を考慮した場合は，A が 0 から 1 に立ち上がるとき，$\overline{A}$ は時間 t 遅れて 1 から 0 に立ち下がる。そのため，A と $\overline{A}$ の双方が 1 になる状態が存在し，その結果として出力 Y に一時的に 1 となる「1 ハザード」が発生してしまう。

つぎに図 8.16 (a) の回路を考える。ここで，信号 A の配線長に比べて信号 B の配線長が極端に長いものとする。入力信号の変化がゲート回路に届くまでの遅延時間にばらつきがあるため，A と B を同時に変化させた場合，論理的には 0 を保持しているが実際には 1 ハザードが発生する。

このように多入力の組合せ回路において複数の入力信号を同時に変化させた場合，論理素子や配線経路の信号伝達時間のばらつきによってハザードが発生

88　8. 組合せ回路の設計

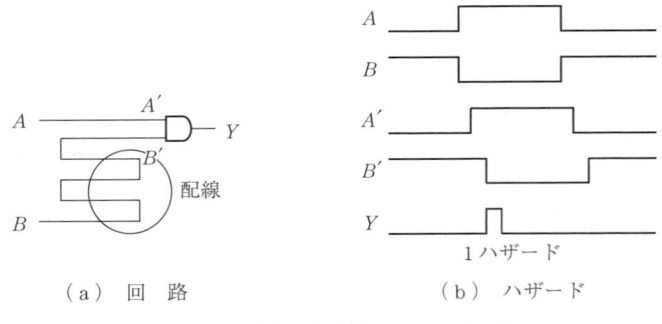

(a) 回路

(b) ハザード

図 8.16　同時入力変化によるハザード

する。信号線の遅延時間のばらつきを少なくするために，LSI やボードでは配線長を合わせる方法が用いられている。

8.3.3　ハザードの検出

単一入力変化によるハザードは，その発生を論理的に検出し除去することができる。**図 8.17** の回路を例に，単一入力変化によるハザードの検出手順を述べる。

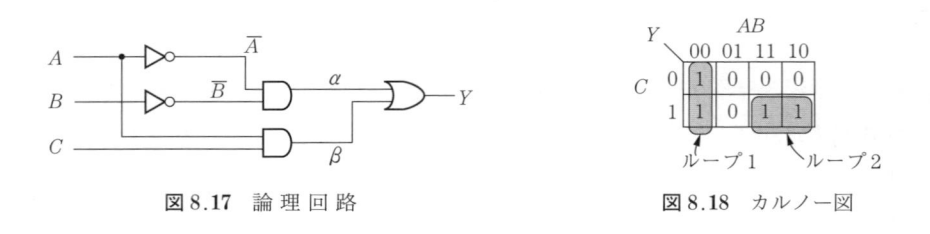

図 8.17　論 理 回 路

図 8.18　カルノー図

まず，回路の論理をカルノー図（**図 8.18**）に示し，ルーピングを行う。この回路の場合は，論理和形で構成されているので，出力 1 に注目してルーピングを行う。

つぎに，カルノー図において交わりのないループ間の入力変化に注目する（図 8.18 のループ 1 とループ 2）。ここでは，単一入力変化を対象としているので，ABC について A のみが変化する 001 と 101 間の遷移が対象となる。こ

こで求めた遷移においてハザードが発生することになる。

図 8.19 に示す遅延時間を考慮したタイミングチャートにおいて確認されたい（遷移 101 → 001）。

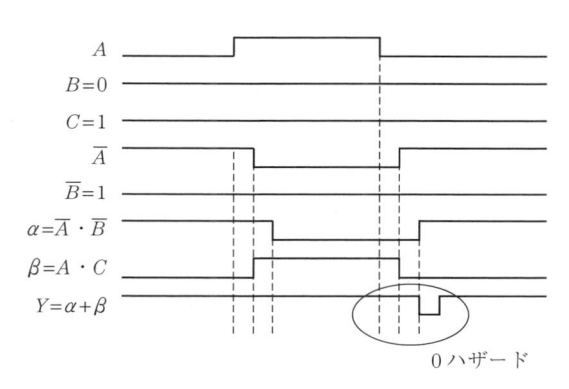

図 8.19 遅延時間を考慮したタイミングチャート

例題 8.2 図 8.20 に示す論理回路のクリティカルパスを探し，入出力間の最大遅延時間を求めよ。ただし，ゲート 1 段あたり一律 5 ns とする。

図 8.20

解答例 図 8.20 中の信号伝搬経路の長いパスがクリティカルパスとなる。この場合，段数は 8 段なので，最大遅延時間は 8×5＝40 ns となる（図 8.21）。

90　　　8. 組合せ回路の設計

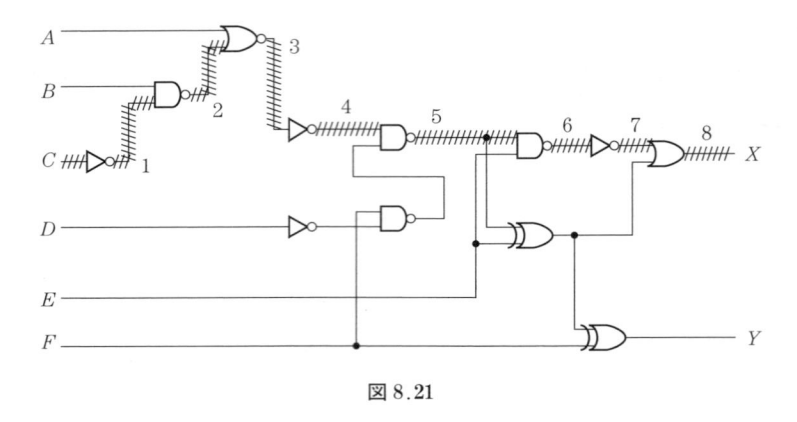

図 8.21

8.3.4　ハザードの除去

単一入力変化によるハザードを除去するためには，カルノー図の各ループが交わるよう，新たなループの追加を行う。追加するループは論理に関して冗長な項となるため，なるべく簡単な構成になるようにルーピングを行う。また，各ループが交わるようにルーピングをやり直す場合もある。ここでは，冗長項の追加によって図 8.17 の回路のハザードを除去する。図 8.18 のカルノー図のループ 1 とループ 2 を交わるようにループ 3 を追加する（図 8.22）。

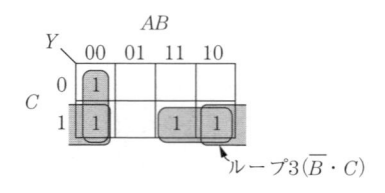

図 8.22　冗長ループの追加

カルノー図より，論理 $Y = \overline{A} \cdot \overline{B} + A \cdot C + \overline{B} \cdot C$ が求まる。入力 A の単一変化時のハザードが解消されていることを，図 8.23 の論理回路と図 8.24 のタイミングチャート例で確認されたい。

8.3 ゲート遅延の考慮

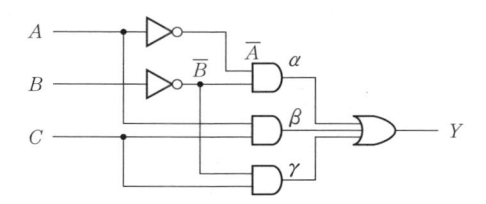

図 8.23 ハザード対策を施した論理回路

$\alpha = \overline{A} \cdot \overline{B}$
$\beta = A \cdot C$
$\gamma = \overline{B} \cdot C = 1$
$Y = \alpha + \beta + \gamma = 1$

ハザードの発生なし

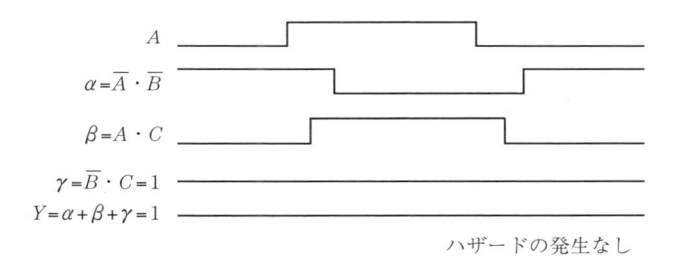

図 8.24 タイミングチャート例（図 8.23 の回路）

例題 8.3 図 8.25 の論理回路に関するタイミングチャートを完成させ，ハザードによって誤動作してしまうことを確認せよ。

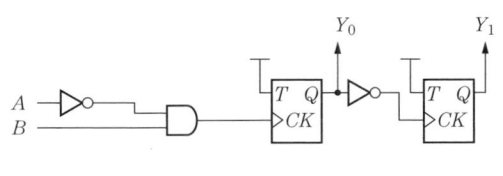

※Y_1, Y_0 の初期値を 0 とする。

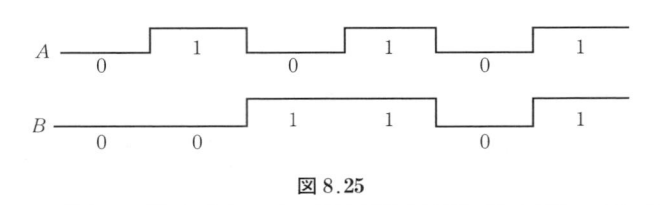

図 8.25

解答例 組合せ回路に発生したハザードが次段のカウンタに入力され，意図しないカウントアップがなされてしまう。この場合，ハザードが治まっても誤動作したままである（図 8.26）。

図 8.26

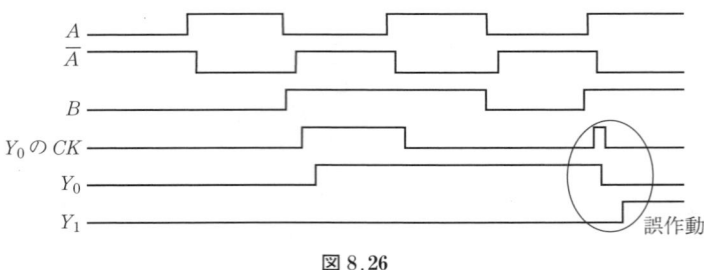

コーヒーブレイク

「遅延時間を利用しよう」

　論理回路において，理想的にはゲートの遅延時間が 0 であることが望ましいのですが，「ハードウェア量や消費電力の面からトランジスタサイズを大きくできない」，「構成回路の複雑さや大規模化によってゲート段数が増えてしまう」など，なかなか厳しいものがあります。この厄介な遅延時間ですが，積極的に使うこともできます。

　図に示すのはゲートの遅延時間を利用したワンショット発生回路と呼ばれるもので，入力の変化を検知してパルスを一つ発生します。例えば，非同期式の半導体メモリではアドレス信号の変化に即応しなくてはなりません。そこで，アドレスの変化を検知して速やかに内部状態をリセットさせるためにこのような回路が使われます。

　厄介な事柄もアプローチを変えてみると良薬になるかもしれません。

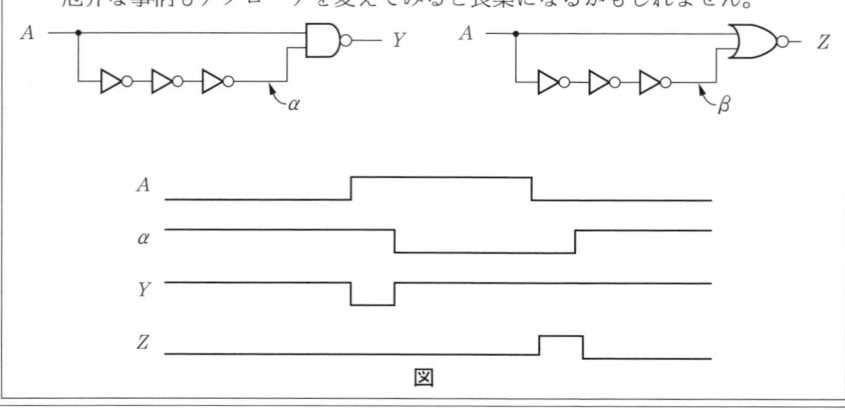

図

8.3 ゲート遅延の考慮

複数入力変化によりハザードを発生する回路については，同時入力変化を禁止するかハザードの発生後の除去で対処する．図 8.27 にハザードの除去例を示す．

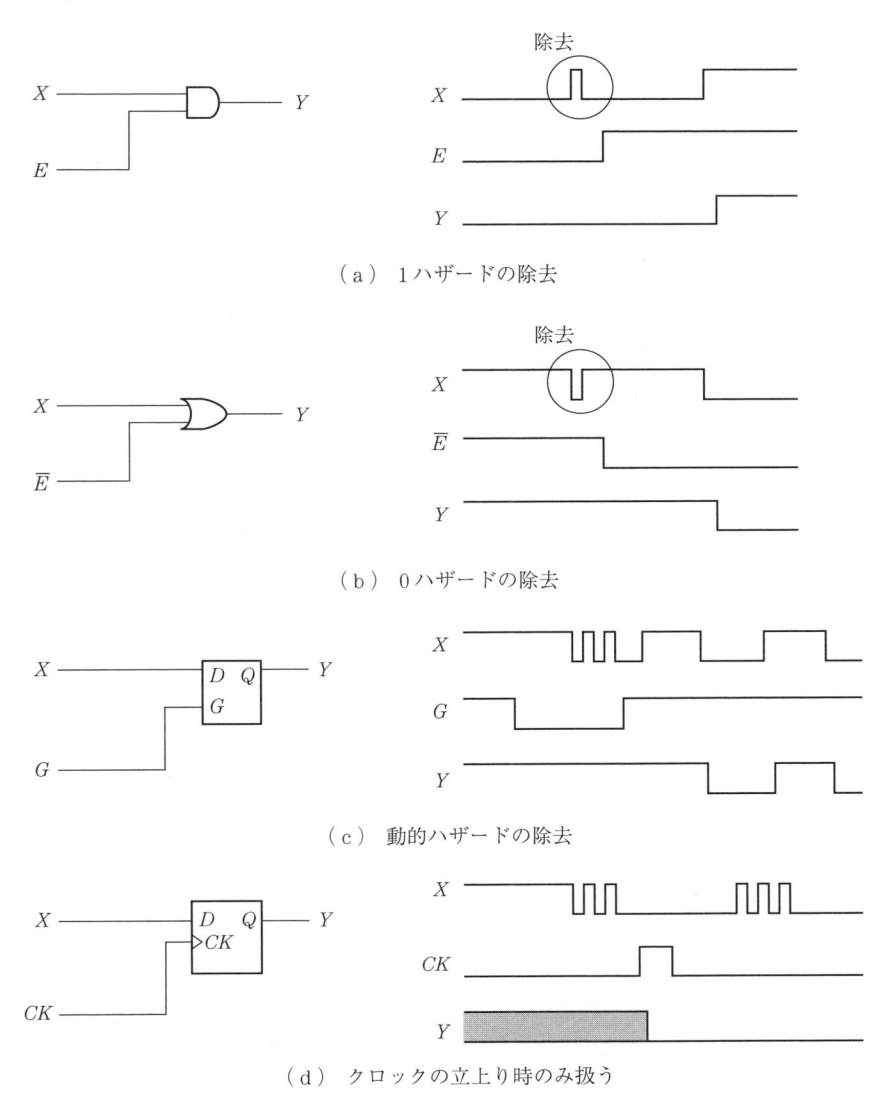

（a） 1ハザードの除去

（b） 0ハザードの除去

（c） 動的ハザードの除去

（d） クロックの立上り時のみ扱う

図 8.27　ハザードの除去例

94   8. 組合せ回路の設計

（a）　1 ハザードを AND 論理で強制的に消す方法
（b）　0 ハザードを OR 論理で強制的に消す方法
（c）　D ラッチを使用してハザードのない期間のみ信号を通過させる方法
（d）　D-FF を使用してハザードのないタイミングで取り込む方法

これらの方法はいずれもハザードが治まるのを待って出力信号として扱うため，待ち時間や制御信号が必要となる。

演 習 問 題

1　実デバイスでは，電源電圧，使用温度，入出力負荷抵抗，入出力負荷容量などの要因によってゲートの遅延時間は変化する。これらの要因が遅延時間に及ぼす影響について調べよ。

2　つぎの真理値表（表 8.3）で示される組合せ回路を設計せよ。

表 8.3

A	B	C	Y
0	0	0	0
0	0	1	1
0	1	0	1
0	1	1	1
1	0	0	0
1	0	1	1
1	1	0	0
1	1	1	1

3　3 桁の 2 進数を比較し，大きい，小さい，等しいを判定する回路の真理値表を作成せよ。

4　図 8.28 に示す組合せ回路に対して，単一入力変化によるハザードを解消せよ。

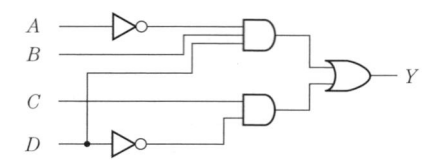

図 8.28

9 同期式順序回路の設計

　組合せ回路では，入力状態のすべての組合せを考え，それに対応する出力を決定し，設計を行った。これに対して，順序回路では入力の状態と現在の状態とによって出力状態が決定される。このため，状態の割付けと遷移状態の決定が設計の中心となる。本章では内部状態の保持に FF を使用する同期式順序回路の設計法について解説を行う。

9.1　設　計　手　順

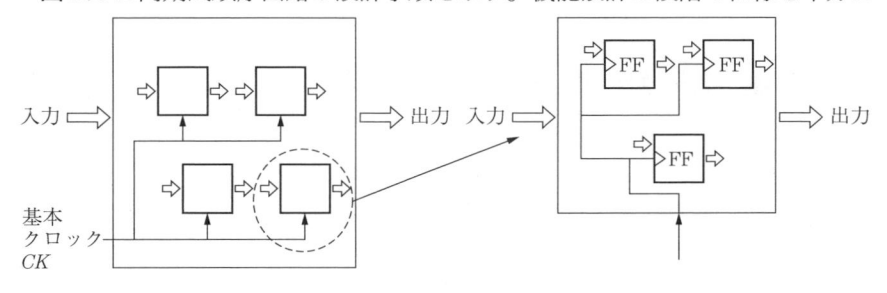

　図 9.1 に**同期式順序回路**の構成（概念図）を示す。使用するすべての FF が基本クロックに同期して動作する。これに対して**図 9.2** に示す回路は，同期式順序回路である D-FF を使用して構成されているが，D-FF3 のクロックが D-FF1 の出力となっているため，基本クロックが使われずに完全な同期式順序回路になっていない。また，D-FF4 においては，AND ゲートによってクロックは制御されるが，入力 E が 1 のときは基本クロックに同期するため，同期式順序回路の構成要素となっている。

　図 9.3 に同期式順序回路の設計手順を示す。機能設計の段階で仕様を十分に

図 9.1　同期式順序回路の構成（概念図）

96　9. 同期式順序回路の設計

図 9.2 不完全な同期式順序回路

図 9.3 同期式順序回路の設計手順

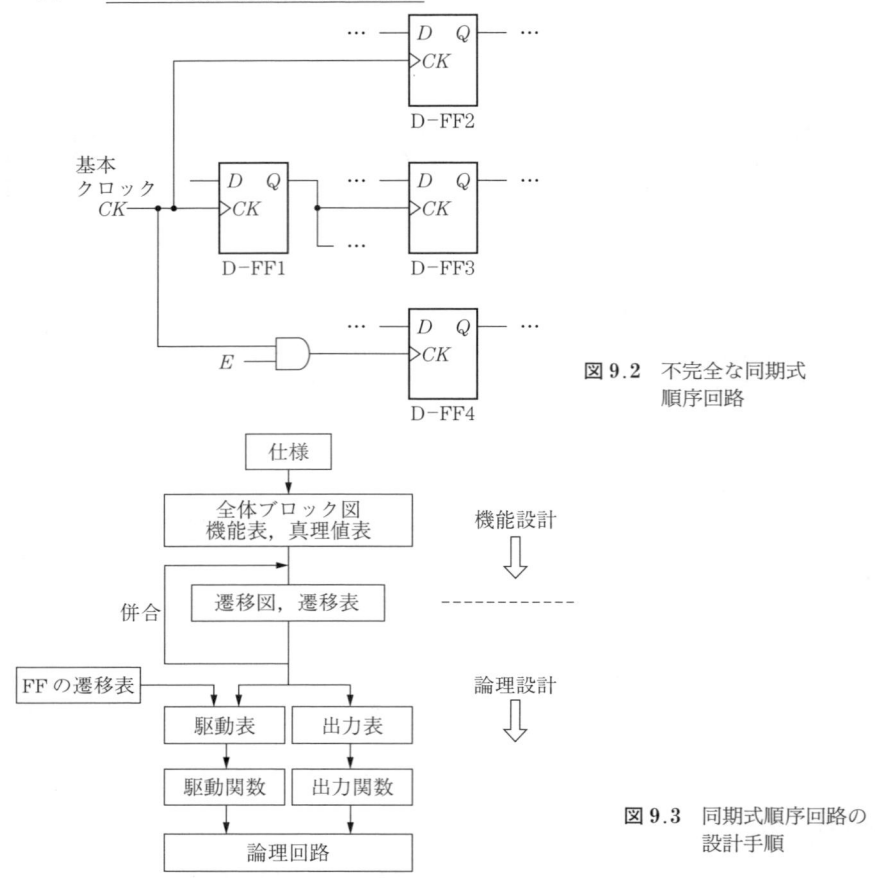

検討し，遷移表に動作を正確に落とし込むことが設計の要となる．遷移表から後の工程では，ほぼ機械的に論理回路を導くことができる．

9.2　機　能　設　計

機能設計の段階では，これから設計しようとする回路の仕様を明確にかつ具体的に示す．あいまいな部分や不完全な部分が仕様に存在すると，後の論理設計工程で矛盾や不都合が生じてしまい，設計の戻りを強いられることになる．**図 9.4** に RS-FF を例に，機能設計の流れを示す．

9.2 機能設計

仕様: セットとリセットができる FF

全体ブロック図: 入力 S, CK, R / 出力 Z
- 入出力数の決定
- 入出力名の決定

語句による表現:
- $S=1, R=0$ ならセット（$Z=1$）
- $S=0, R=1$ ならリセット（$Z=0$）
- $S=0, R=0$ なら保持
- $S=1, R=1$ は禁止

タイミングチャート: S, R, CK, Z

機能表:

CK	入力 S R	出力 Z	状態
↑	1 0	1	A
↑	0 0	1	B
↑	0 1	0	C
↑	0 0	0	D

- 信号の役割
- 状態数の決定

遷移図 入力 SR/出力 Z

（状態 A, B, C, D の遷移）
- A: 10/1（自己ループ）
- D→A: 10/1
- B→A: 10/1
- D: 00/0（自己ループ）
- D⇔C（10/1, 01/0）
- B: 00/1（自己ループ）
- B→C: 01/0
- C→D: 00/0
- C: 01/0（自己ループ）

遷移表:

現在の状態	入力 SR 00	01	11	10
A	B	C	d	A
B	B	C	d	A
C	D	C	d	A
D	D	C	d	A

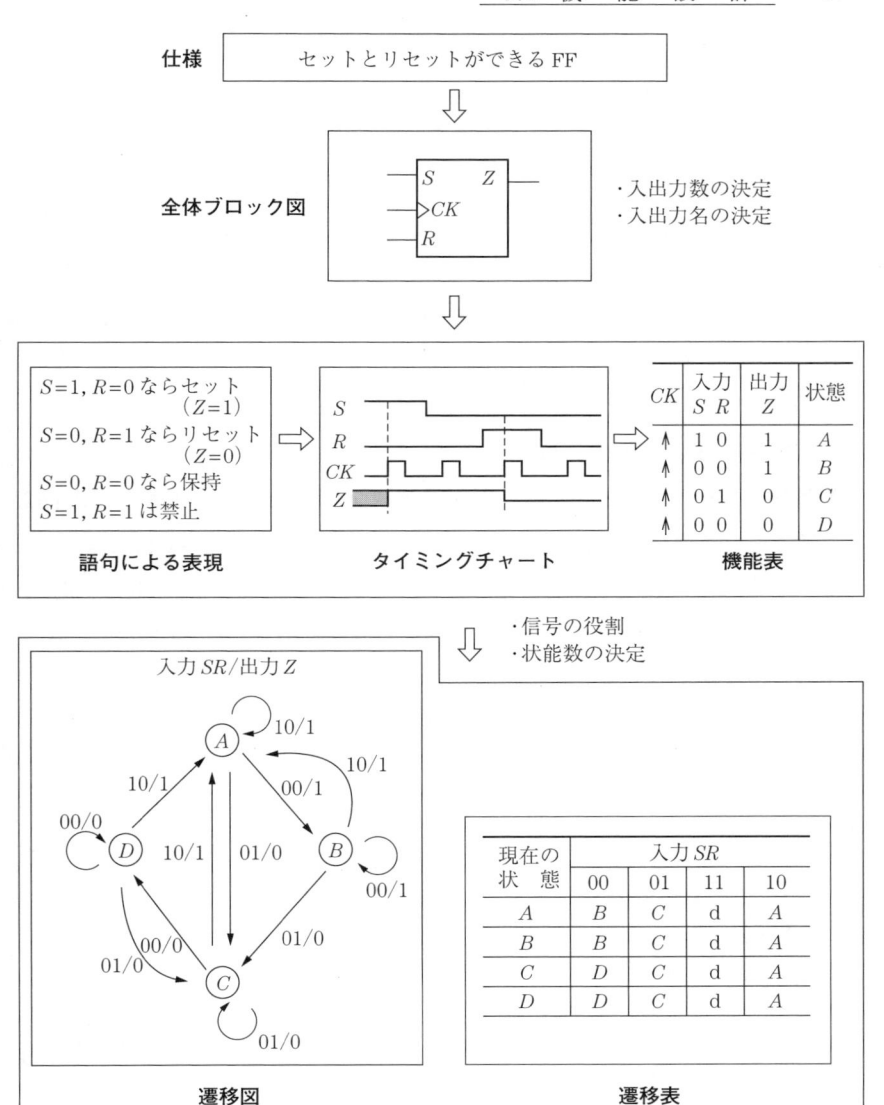

論理設計工程へ

図 9.4 機能設計の流れ（RS-FF）

9.2.1 全体ブロック図,機能表の作成

図9.4に示す仕様「セットとリセットができるFF」より,以下の点を考慮し,具体的に全体ブロック図と機能表を作成する。

- 必要な入出力は何か(入力 S, R, クロック CK, 出力 Z)。
- 動作(状態を変化)させるための条件は何か(セット状態,リセット状態,保持状態を入力 S と R に割り付ける)。
- 必要な機能に対して過不足はないか($S=R=1$ が未定義であるが,禁止入力条件として対処する)。

9.2.2 遷移図,遷移表の作成

遷移図(transition diagram)や**遷移表**(transition table)は,順序回路における入力変化に対する出力および状態の変化を示したものである。まず,すべての状態に対して状態名を割り付ける(**表9.1**)。つぎに,現在の状態にクロックが与えられたときのつぎの状態への遷移を考え,遷移図(**図9.5**)と遷移表(**表9.2**)を作成する。禁止入力条件となる $S=R=1$ については,その出力をドント・ケア d として定義した。

表9.1 状態の割付け

S	R	Z	状 態	
1	0	1	A	…セット
0	0	1	B	…セット後の保持
0	1	0	C	…リセット
0	0	0	D	…リセット後の保持

表9.2 遷移表(RS-FF)

現在の状態	入力 SR			
	00	01	11	10
A	B	C	d	A
B	B	C	d	A
C	D	C	d	A
D	D	C	d	A

つぎの状態

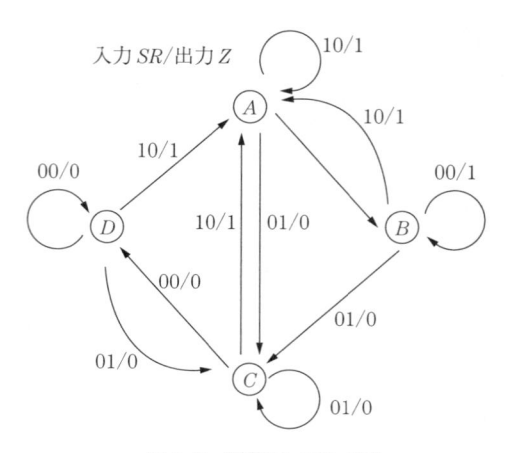

図9.5 遷移図(RS-FF)

9.2 機 能 設 計

例題 9.1 図 9.4 に示す RS-FF の仕様において,禁止入力条件 $S=R=1$ のときに出力を反転させるように機能を追加したときの,遷移表と遷移図を作成せよ。

[解答例] まず機能表(**表 9.3**)を作成し,状態を割り付ける。機能表より,遷移図(**図 9.6**)と遷移表(**表 9.4**)を作成する。

表 9.3 機 能 表

CK	入力 S	入力 R	出力 Z	状態
↑	1	0	1	A
↑	0	0	1	B
↑	0	1	0	C
↑	0	0	0	D
↑	1	1	0	E
↑	1	1	1	F

表 9.4 遷 移 表

現在の状態	入力 SR			
	00	01	11	10
A	B	C	E	A
B	B	C	E	A
C	D	C	F	A
D	D	C	F	A
E	D	C	F	A
F	B	C	E	A

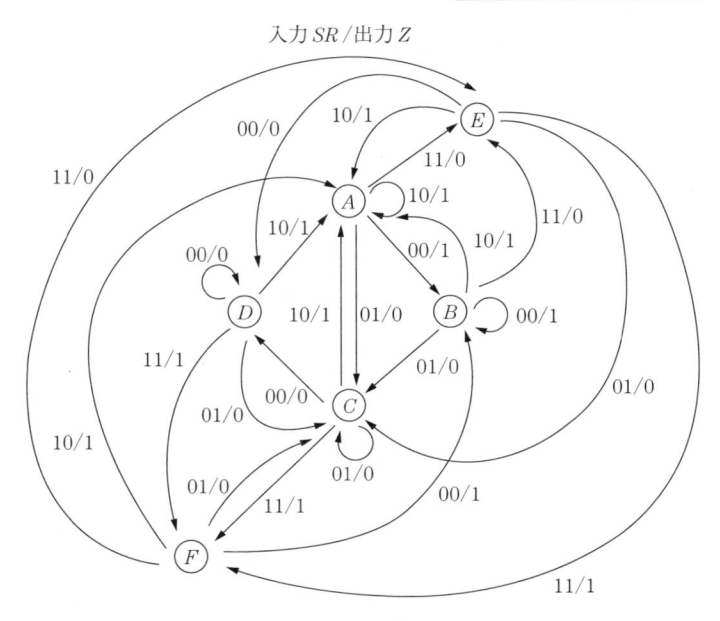

図 9.6 遷 移 図

9.2.3 設　計　例

同期式順序回路の設計例として，3ビットの**ジョンソンカウンタ**（Johnson counter）を考える。ジョンソンカウンタは，**図 9.7** に示すように，上位ビットに向かってシフトを行うもので，シフト時の最下位ビットの値は，ビットがすべて1になるまでは1を，すべて0になるまでは0を与える。このカウンタは，n ビット構成で $2n$ の状態しか表現できないが，回路構成が簡単なため高速動作することと，カウントの過程で同時複数出力変化をしないなどの特徴を持つ。

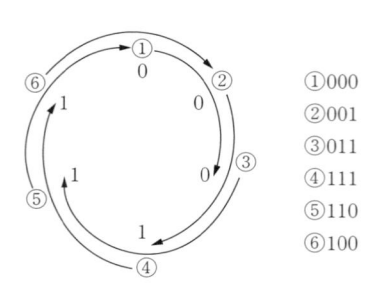

①000
②001
③011
④111
⑤110
⑥100

図 9.7　ジョンソンカウンタの動作

このように，n ビット構成において，全状態数の 2^n 通りのすべての組合せをカウントしないものを**不完全定義**（incompletely specified）カウンタと呼ぶ。一方，全状態数の 2^n 通りをカウントするものを**完全定義**（completely specified）カウンタと呼ぶ。図 9.7 の仕様の3ビットジョンソンカウンタにおいて，クロックを CK，3ビットの出力を Z_2, Z_1, Z_0 と定義し，全体ブロック図と機能表を**図 9.8** に示す。

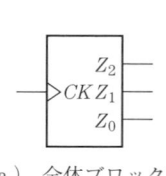

Z_2	Z_1	Z_0	状　態
0	0	0	A
0	0	1	B
0	1	1	C
1	1	1	D
1	1	0	E
1	0	0	F

（a）　全体ブロック図　　　　（b）　機能表

図 9.8　全体ブロック図と機能表（3ビットジョンソンカウンタ）

つぎに遷移図と遷移表を作成する。同期式順序回路において，クロック入力は遷移タイミングを決定するが遷移条件としては扱われない。したがって，図 9.8 のジョンソンカウンタの場合は，出力のみの遷移が示される（**図 9.9**）。

出力 $Z_2 Z_1 Z_0$

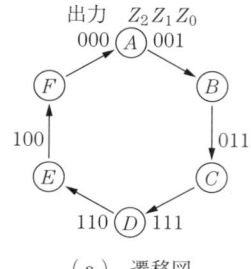

現在の状態	つぎの状態	つぎの出力 $Z_2\ Z_1\ Z_0$
A	B	0　0　1
B	C	0　1　1
C	D	1　1　1
D	E	1　1　0
E	F	1　0　0
F	A	0　0　0

（a）遷移図　　　　　　　（b）遷移表

図 9.9 遷移図と遷移表（3 ビットジョンソンカウンタ）

9.3　論　理　設　計

　機能設計工程で作成した遷移図や遷移表をもとに，論理設計を行う．遷移状態を減らすための併合，使用する FF の決定，FF の入出力条件（駆動表，出力表）の作成の手順で論理関数の導出を行う．

9.3.1　併　　　　　合

　組合せ回路の簡単化と同様にドント・ケア d を 1 または 0 にした場合を考え，遷移表の状態が減らせるかを検討する．減らせる場合は状態を**併合**する．例えば，表 9.2 の RS-FF 遷移表の場合は，現在の状態 A と B，および C と D は併合可能である．図 9.9(b) においては，これ以上併合することはできないため，最終的な遷移表として扱い，つぎの工程に進む．

|例題 9.2|　表 9.5 に示す遷移表を併合して状態数を減少せよ．

表 9.5 遷　移　表

現在の状態	入力 SR			
	00	01	11	10
A	B	C	E	A
B	B	C	E	A
C	D	C	F	A
D	D	C	F	A
E	D	C	F	A
F	B	C	E	A

解答例 現在の状態 A と B と F を併合し，新たな状態 α とする．また，現在の状態 C と D と E を併合して新たな状態 β とする（**表 9.6**）．

表 9.6 併合された遷移表

現在の状態	入力 SR				
	00	01	11	10	
α	α	β	β	α	… A, B, F
β	β	β	α	α	… C, D, E

9.3.2 励起表，出力表の作成

励起表（excitation table）は，期待する出力（状態）に励起させるための入力条件を示すもので，入力要求表とも呼ばれる．図 9.9(b) の遷移表より励起表を作成する．まず，6 通りの状態 $A \sim F$ を 2 進の状態変数で表現する．状態変数の個数は，$2^n \geq 6$ を満たす最小の n であり $n=3$ となる（**表 9.7**）．ここでは，現在の状態を示す状態変数を q_2, q_1, q_0 とし，つぎの状態を示す状態変数を Q_2, Q_1, Q_0 として励起表を作成する．このジョンソンカウンタの場合は，入力条件を持たないため，つぎの状態を示す欄は一つのみであるが，入力条件によって遷移状態が変化する回路においては，それぞれの入力条件に応じた欄を作成する．励起表に出力状態を追加したものを**表 9.8** に示す．

表 9.7 状態変数による表現

状態	状態変数による表現		
A	0	0	0
B	0	0	1
C	0	1	1
D	1	1	1
E	1	1	0
F	1	0	0

表 9.8 励起表，出力表

現在の状態変数			つぎの状態変数			つぎの出力		
q_2	q_1	q_0	Q_2	Q_1	Q_0	Z_2	Z_1	Z_0
0	0	0	0	0	1	0	0	1
0	0	1	0	1	1	0	1	1
0	1	1	1	1	1	1	1	1
1	1	1	1	1	0	1	1	0
1	1	0	1	0	0	1	0	0
1	0	0	0	0	0	0	0	0

（励起表 / 出力表）

9.3.3 FFの遷移表

FFを用いた同期式順序回路の構成を**図9.10**に示す。図において，状態変数はそれぞれのFFに対応する（状態変数の数＝FFの個数）。また，出力表より出力回路が求められ，FFの特性と励起表より駆動回路が求められる。

FFの特性は，その出力変化を促す入力条件を定めた遷移表によって示される。**図9.11**〜**図9.14**に各FFの遷移表を示す。例えば，図9.13(c)に示すD-FFの遷移表に関しては，出力を現在の状態 q からつぎの状態 Q へ遷移させるために必要な入力条件が D の欄に示されている。

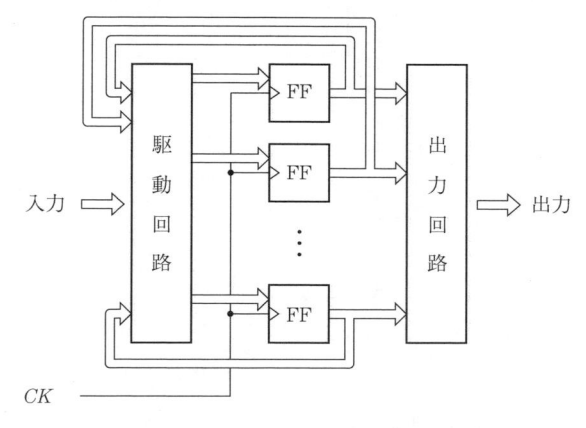

図9.10 FFを用いた同期式順序回路の構成

S	R	Q
0	0	Q_0
0	1	0
1	0	1
1	1	×

$q \rightarrow Q$	S	R
0 0	0	d
0 1	1	0
1 0	0	1
1 1	d	0

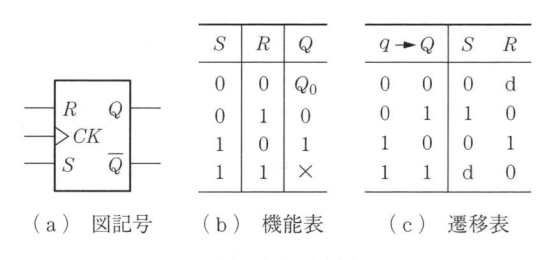

（a）図記号　　（b）機能表　　（c）遷移表

図9.11 RS-FF

T	Q
0	Q_0
1	$\overline{Q_0}$

$q \rightarrow Q$	T
0 0	0
0 1	1
1 0	1
1 1	0

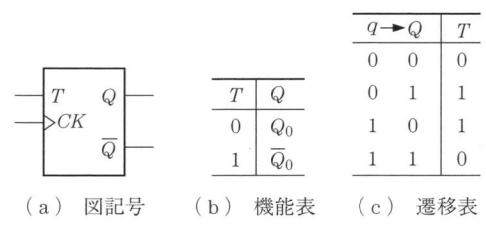

（a）図記号　　（b）機能表　　（c）遷移表

図9.12 T-FF

9. 同期式順序回路の設計

図9.13 D-FF

(a) 図記号　(b) 機能表　(c) 遷移表

D	Q
0	0
1	1

$q \to Q$		D
0	0	0
0	1	1
1	0	0
1	1	1

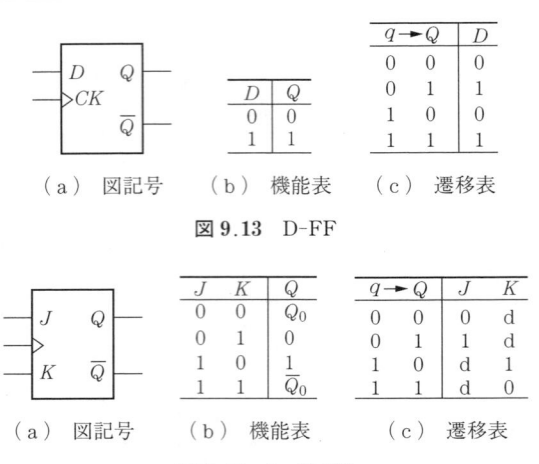

図9.14 J・K-FF

(a) 図記号　(b) 機能表　(c) 遷移表

J	K	Q
0	0	Q_0
0	1	0
1	0	1
1	1	$\overline{Q_0}$

$q \to Q$		J	K
0	0	0	d
0	1	1	d
1	0	d	1
1	1	d	0

9.3.4 駆動表の作成

駆動表は，励起表とFFの遷移表によって作成され，駆動回路の論理を示す．ここでは，D-FFを使用し，図9.13(c)の遷移表を表9.8の励起表に当てはめて駆動表を作成する．

まず，q_2 から Q_2 への励起を図9.15のように考え，D_2 を求める．D_1，D_0 についても同様に求め，**表9.9**の駆動表を作成する．

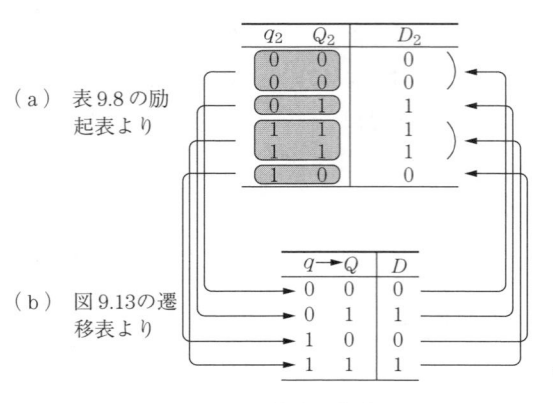

図9.15 駆動表の作成

(a) 表9.8の励起表より

q_2	Q_2	D_2
0	0	0
0	0	0
0	1	1
1	1	1
1	1	1
1	0	0

(b) 図9.13の遷移表より

$q \to Q$		D
0	0	0
0	1	1
1	0	0
1	1	1

表9.9 駆動表（3ビットジョンソンカウンタ）

現在の状態変数			FFの入力		
q_2	q_1	q_0	D_2	D_1	D_0
0	0	0	0	0	1
0	0	1	0	1	1
0	1	1	1	1	1
1	1	1	1	1	0
1	1	0	1	0	0
1	0	0	0	0	0

9.3 論 理 設 計　　*105*

例題 9.3　表9.8のジョンソンカウンタの励起表より駆動表を作成せよ。ただし，FF は RS-FF を使用する。

解答例　図9.11(c)の RS-FF の遷移表を使用して，q_2 から Q_2，q_1 から Q_1，q_0 から Q_0 それぞれについて考え，駆動表を作成する（**表 9.10**）。

表 9.10

(a) $q_2 \to Q_2$

q_2	Q_2	S_2	R_2
0	0	0	d
0	0	0	d
0	1	1	0
1	1	d	0
1	1	d	0
1	0	0	1

(b) $q_1 \to Q_1$

q_1	Q_1	S_1	R_1
0	0	0	d
0	1	1	0
1	1	d	0
1	1	d	0
1	0	0	1
0	0	0	d

(c) $q_0 \to Q_0$

q_0	Q_0	S_0	R_0
0	1	1	0
1	1	d	0
1	1	d	0
1	0	0	1
0	0	0	d
0	0	0	d

(d) 駆動表

現在の状態変数			FF の入力					
q_2	q_1	q_0	S_2	R_2	S_1	R_1	S_0	R_0
0	0	0	0	d	0	d	1	0
0	0	1	0	d	1	0	d	0
0	1	1	1	0	d	0	d	0
1	1	1	d	0	d	0	0	1
1	1	0	d	0	0	1	0	d
1	0	0	0	1	0	d	0	d

9.3.5 駆動関数，出力関数を求める

表9.9の駆動表より**駆動関数**を，表9.8の出力表より**出力関数**を求める。これら関数は図9.10の駆動回路と出力回路の動作を表現する。

まず，表9.9より3個の D-FF の駆動関数を求める。駆動表に示されない入力条件はドント・ケア d とし，簡単化の際に1または0として扱う。以上

のことより**図 9.16** のカルノー図を用いて $D_2 = q_1$, $D_1 = q_0$, $D_0 = \overline{q_2}$ が求められる。

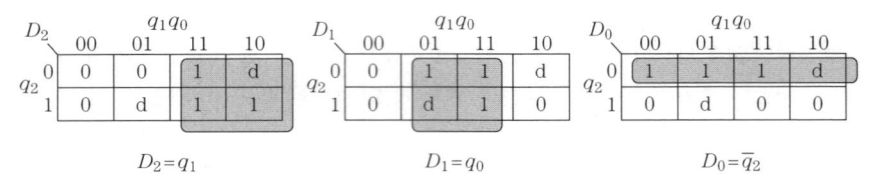

D_2	q_1q_0			
q_2	00	01	11	10
0	0	0	1	d
1	0	d	1	1

$D_2 = q_1$

D_1	q_1q_0			
q_2	00	01	11	10
0	0	1	1	d
1	0	d	1	0

$D_1 = q_0$

D_0	q_1q_0			
q_2	00	01	11	10
0	1	1	1	d
1	0	d	0	0

$D_0 = \overline{q_2}$

図 9.16 カルノー図（3 ビットジョンソンカウンタの駆動関数）

つぎに，表 9.8 より出力関数を求める。出力表において，つぎの状態変数とつぎの出力は同じ値となっているので，この場合は，$Z_2 = Q_2$, $Z_1 = Q_1$, $Z_0 = Q_0$ となる。このように出力を状態変数に割り付けられる場合は，出力回路は不要となる。

コーヒーブレイク

「バグの存在」

夏になると解禁を待って神奈川県の相模川中流へ鮎を釣りに行きます。川魚の中で鮎は外せません。釣れた鮎を近くの小料理屋に持ち込み，ゆっくりと炭火で塩焼きしてもらい，それを肴にちびちびやるのがとても楽しみです。型の良いのが釣れたときはお刺身にします。ただし，川魚は虫を持っていることがあるのですぐには食べません。いったん冷凍して虫を退治する必要があるのです。調理法を知らずに食べてしまうとひどい目に遭うかもしれません。

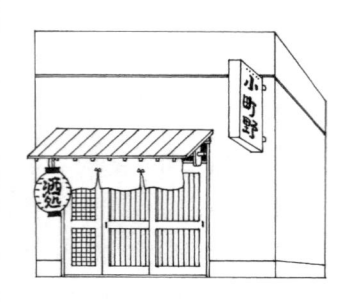

LSIやソフトウェアと同じく，バグ（虫）に気づかず放置しておくと甚大な被害を被ります。未然に防ぐほうが懸命だと思いませんか。

求めた駆動関数，出力関数を用いて 3 ビットジョンソンカウンタの回路を構成し，図 9.17 に示す．

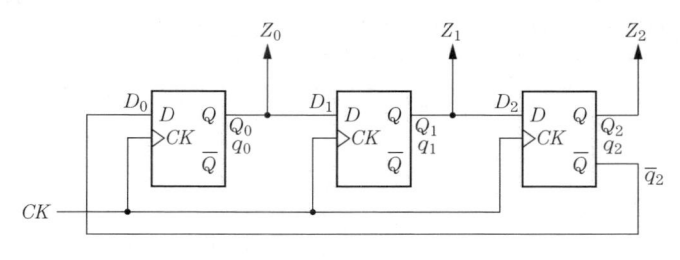

図 9.17 3 ビットジョンソンカウンタ

演 習 問 題

1. 真理値表，遷移表，遷移図をもとに，論理回路を自動生成するツールについて調べよ．
2. 表 9.11 に示す遷移表を併合して状態数を減少せよ．
3. 表 9.12 の遷移表は，図 9.4 に示す RS-FF の遷移表を併合したものである．この遷移表を実現する論理回路を D-FF によって設計せよ．
4. 図 9.18 に示す 3 ビットの同期式カウンタを D-FF によって設計せよ．

表 9.11 遷 移 表

現在の状態	入力 AB			
	00	01	11	10
A	B	C	d	A
B	D	C	B	A
C	B	C	A	A
D	D	C	d	A

表 9.12 遷 移 表

現在の状態	入力 SR							
	00	01	11	10	00	01	11	10
α	α	β	d	α	1	0	d	1
β	β	β	d	α	0	0	d	1
	つぎの状態				つぎの出力			

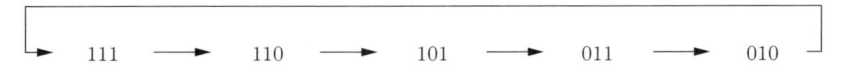

111 → 110 → 101 → 011 → 010

図 9.18 3 ビットの同期式カウンタ

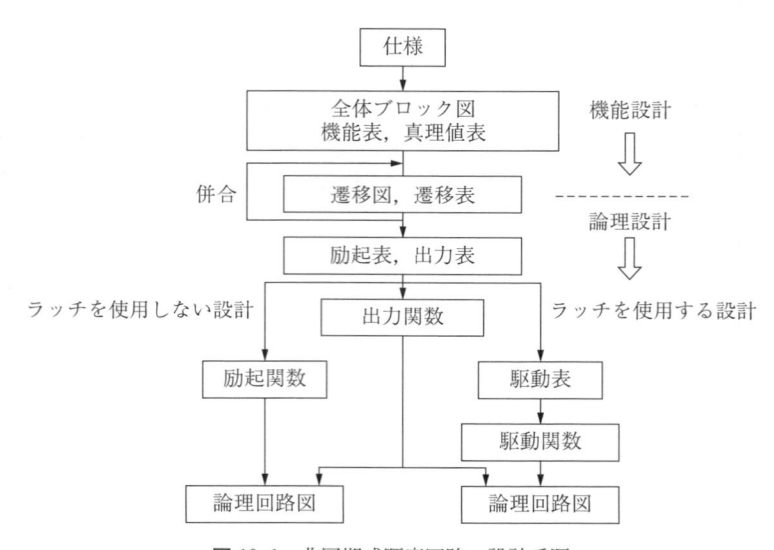

10 非同期式順序回路の設計

同期式順序回路では，構成するすべての FF の動作タイミングを，基準となるクロックに合わせて設計した。これに対して，非同期式順序回路では，FF のクロックを統一せずに設計するため，非同期で動作する。本章では，非同期式順序回路の設計法として，ラッチを使用する設計法とラッチを使用しない設計法について解説する。

10.1 設 計 手 順

図 10.1 に**非同期式順序回路**の設計手順を示す。論理設計の工程においては，ラッチを使用する設計法とラッチを使用しない設計法の 2 通りを取り上げる。

図 10.1 非同期式順序回路の設計手順

10.1 設計手順

ラッチを使用する設計法では，**図 10.2** に示すようにラッチをフィードバック部として使用し，同期式順序回路の場合と同様に駆動回路と出力回路を構成する。これに対して，ラッチを使用しない設計では，**図 10.3** に示すようにフィードバック部を含む回路全体を論理で構成する。

これらの二つの設計法を比較すると，ラッチを使用する場合は，動作がわか

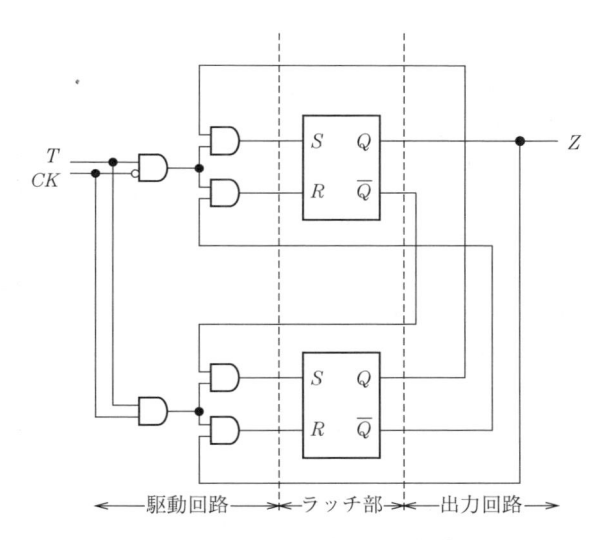

図 10.2 ラッチを使用する設計

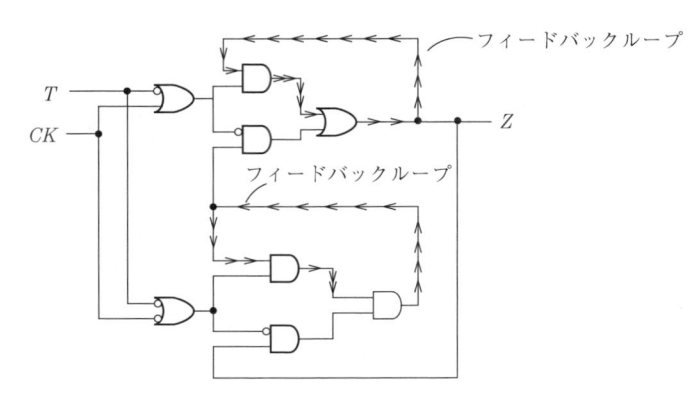

図 10.3 ラッチを使用しない設計

10. 非同期式順序回路の設計

仕様: セットとリセットができるラッチ

⇩

全体ブロック図: S, Z, R のブロック
- 入出力数の決定
- 入出力名の決定

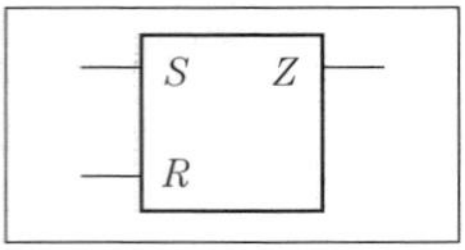

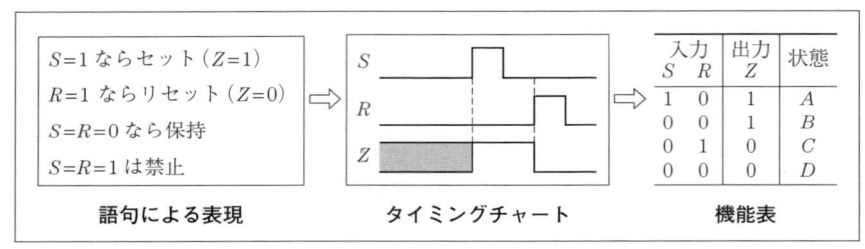

⇩

語句による表現:
- $S=1$ ならセット ($Z=1$)
- $R=1$ ならリセット ($Z=0$)
- $S=R=0$ なら保持
- $S=R=1$ は禁止

タイミングチャート: S, R, Z の波形

機能表:

入力 S R	出力 Z	状態
1 0	1	A
0 0	1	B
0 1	0	C
0 0	0	D

⇩
- 信号の役割
- 状態数の決定

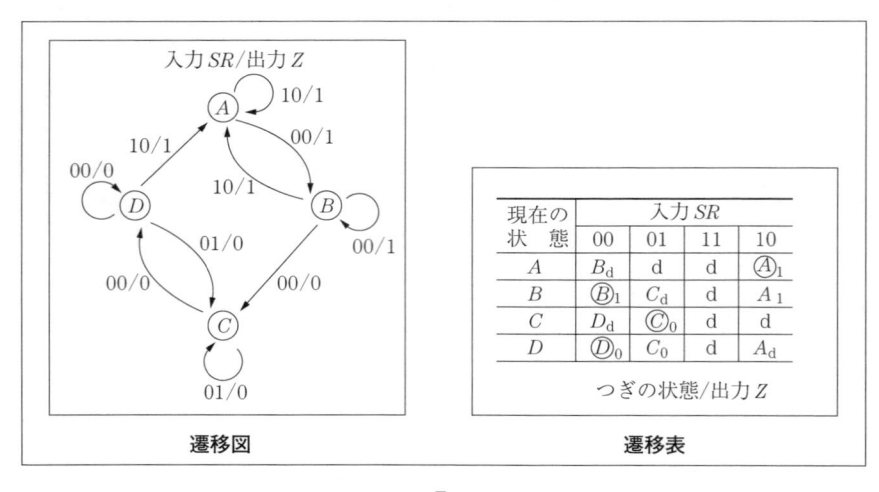

遷移図: 入力 SR/出力 Z

状態 A, B, C, D と遷移:
- A → A: 10/1
- A → B: 00/1
- B → B: 00/1
- B → A: 10/1
- B → C: 01/0
- C → C: 01/0
- C → D: 00/0
- D → D: 00/0
- D → A: 10/1
- D → C: 00/0

遷移表: つぎの状態/出力 Z

現在の状態	入力 SR			
	00	01	11	10
A	B_d	d	d	$Ⓐ_1$
B	$Ⓑ_1$	C_d	d	A_1
C	D_d	$Ⓒ_0$	d	d
D	$Ⓓ_0$	C_0	d	A_d

⇩

論理設計工程へ

図 10.4 機能設計の流れ（RS ラッチ）

りやすい，変更が容易などの利点を持ち，ラッチを使用しない場合は，動作速度や構成素子数の面で有利である。

10.2 機能設計

これまで取り上げてきた回路と同様，機能設計の段階では，機能を明確かつ具体的に示す必要がある。そして，状態の変化と出力の変化を遷移図と遷移表にまとめあげる。

10.2.1 機能設計の流れ

前頁図 10.4 に RS ラッチを例に，非同期式順序回路の機能設計の流れを示す。以下，仕様から遷移図，遷移表を求める手順について説明を行う。

10.2.2 全体ブロック図，機能表の作成

図 10.4 に示す RS ラッチの仕様「セットとリセットができるラッチ」を具体化する。必要な機能は，1：セット，2：リセット，3：保持，であり，入力状態数は 3 となる。入力数 n は $2^n \geq$ 入力状態数 3 を満たす最小の n，すなわち 2 となる。また，セット＝1，リセット＝0 の 2 状態を出力するので，出力数は 1 となる。これらのことより，セット入力を S，リセット入力を R，出力を Z とし，全体ブロック図を**図 10.5** に示す。つぎに，入出力の役割を**表 10.1** の機能表に示す。非同期式順序回路では，ハザードや信号線の**競合**（**レーシング**；racing）による誤動作を防ぐために，複数入力の同時変化を禁止して設計を行う。

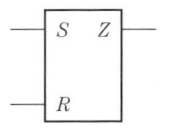

図 10.5 全体ブロック図
（RS ラッチ）

表 10.1 機能表
（RS ラッチ）

入 力		出 力
S	R	Z
1	0	1
0	0	1
0	1	0
0	0	0

状態数は 4

10.2.3 遷移図，遷移表の作成

表 10.1 の各状態に状態名 $A \sim D$ を割り付ける（**表 10.2**）。複数入力の同時変化を除き，各状態の遷移を考え，同期式順序回路の設計と同様に遷移図（**図 10.6**）と遷移表（**表 10.3**）を作成する。

ここで，状態 A（$SR=10$）と状態 C（$SR=01$）間の遷移がないことを確認されたい。

表 10.2 状態名の割付け

入力 $S\ R$	出力 Z	状 態
1 0	1	A
0 0	1	B
0 1	0	C
0 0	0	D

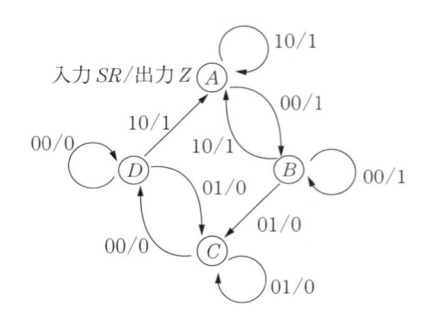

図 10.6 遷移図（RS ラッチ）

表 10.3 遷移表（RS ラッチ）

現在の状 態	入力 SR			
	00	01	11	10
A	B	d	d	A
B	B	C	d	A
C	D	C	d	d
D	D	C	d	A

遷移表において，現在の状態とつぎの状態が等しいところは安定状態を示す。遷移表の安定状態を○（丸）で囲み，そのときの出力状態を横に付加して示す。安定状態以外の状態が変化する箇所は不安定状態を示す。出力変化のない遷移中の不安定状態においては，ハザードが発生しないように状態遷移中の出力を保持させる必要があり，その出力状態を項の横に付加する。出力が変化する遷移については，遷移中の出力は 0 でも 1 でもかまわないので，ドント・ケア d となる。これらのことをまとめて，**表 10.4** の遷移表に示す。

表 10.4 完成した遷移表（RS ラッチ）

現在の状態	入力 SR			
	00	01	11	10
A	B_d	d	d	Ⓐ$_1$
B	Ⓑ$_1$	C_d	d	A_1
C	D_d	Ⓒ$_0$	d	d
D	Ⓓ$_0$	C_0	d	A_d
	つぎの状態/出力 Z			

10.3 ラッチを使用しない論理設計

まず，ラッチを使用しない論理設計手法を説明する．ラッチを使用しない場合は，組合せ回路の出力を入力側にフィードバックすることにより，状態を記憶する．機能設計で求めた遷移表から励起表，出力表，励起関数，出力関数を求め，論理設計を行う．

10.3.1 併合

機能設計工程で求めた遷移表（表 10.4）に対して，状態が減らせるかを以下の手順で検討する．

まず，ドント・ケア d を利用し，遷移表の現在の状態ごとに比較して併合する（**表 10.5**）．複数の併合の組合せが考えられる場合は，状態数が最小となるものを選ぶ．この場合，状態 A と B，状態 C と D が併合可能である．また，

表 10.5 併合（RS ラッチ）

現在の状態	入力 SR			
	00	01	11	10
A	B_d	d	d	Ⓐ$_1$
B	Ⓑ$_1$	C_d	d	A_1
C	D_d	Ⓒ$_0$	d	d
D	Ⓓ$_0$	C_0	d	A_d
	つぎの状態/出力 Z			

併合 → | Ⓑ$_1$ | C_d | d | Ⓐ$_1$ |

併合 → | Ⓓ$_0$ | Ⓒ$_0$ | d | A_d |

10. 非同期式順序回路の設計

3状態以上の併合も可能である。

つぎに併合後の状態名を新たに定め，置き換える。「A と B」を α，「C と D」を β に置き換える。併合後の遷移表を**表 10.6** に，併合後の遷移図を**図 10.7** に示す。

表 10.6 併合後の遷移表（RS ラッチ）

現在の状態	入力 SR			
	00	01	11	10
A と B	ⓑ$_1$	C_d	d	Ⓐ$_1$
C と D	Ⓓ$_0$	Ⓒ$_0$	d	A_d

つぎの状態/出力 Z

現在の状態	入力 SR			
	00	01	11	10
α	ⓐ$_1$	β_d	d	ⓐ$_1$
β	ⓑ$_0$	ⓑ$_0$	d	α_d

つぎの状態/出力 Z

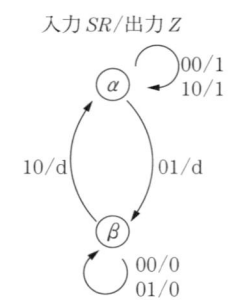

図 10.7 併合後の遷移図（RS ラッチ）

例題 10.1 D ラッチの遷移表を作成せよ。

[解答例]

(1) まず D ラッチの仕様を考える。D ラッチの入出力を入力 D, G，出力 Z とすると，$G=1$ のときに入力 D を出力 Z に伝え，$G=0$ のときは出力を保持する。

(2) 仕様より入力 D, G および出力 Z がとりうる全組合せに対して状態名を割り付ける（**表 10.7**）。

(3) つぎに入力 D, G に対する現在の状態からつぎの状態を遷移表にまとめる（**表 10.8**）。まず，安定状態に注目し，その後，遷移状態を考えるとよい。

表 10.7 状態名の割付け

出力 Z	入力 D	入力 G	状態
0	0	1	A
	0	0	B
	1	0	C
1	1	1	D
	1	0	E
	0	0	F

10.3 ラッチを使用しない論理設計

表 10.8 遷 移 表

現在の状態	入力 DG			
	00	01	11	10
A		Ⓐ₀		
B	Ⓑ₀			
C				Ⓒ₀
D			Ⓓ₁	
E				Ⓔ₁
F	Ⓕ₁			

つぎの状態/出力 Z

$\Rightarrow$

現在の状態	入力 DG			
	00	01	11	10
A	B_d	Ⓐ₀	D_d	C_d
B	Ⓑ₀	A_d	D_d	C_d
C	B_d	A_d	D_d	Ⓒ₀
D	F_d	A_d	Ⓓ₁	E_d
E	F_d	A_d	D_d	Ⓔ₁
F	Ⓕ₁	A_d	D_d	E_d

つぎの状態/出力 Z

10.3.2 励起表, 出力表の作成

併合後の遷移表 (表 10.6) の各状態を 2 進の状態変数に割り付け, **表 10.9** に示す励起表と出力表を作成する。状態数が 2 なので状態変数は一つでよい。ここでは変数名 q を使用して, 状態 α を $q=0$ に, 状態 β を $q=1$ に割り付ける。状態 Q と出力 Z を併記する表現 (図(a)), または分けて記述する表現 (図(b)) で記述する。

表 10.9 励起表と出力表 (RS ラッチ)

(a) Q と Z を併記した表現

現在の状態変数	入力 SR			
	00	01	11	10
q = 0	0, 1	1, d	d	0, 1
q = 1	1, 0	1, 0	d	0, d

つぎの状態変数 Q/出力 Z

(b) Q と Z を分けた表現

現在の状態変数	入力 SR				入力 SR			
	00	01	11	10	00	01	11	10
q = 0	0	1	d	0	1	d	d	1
q = 1	1	1	d	0	0	0	d	d

つぎの状態変数 Q / 出力 Z

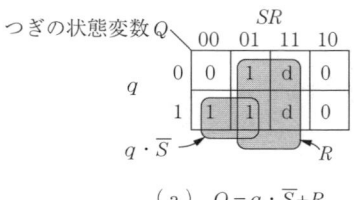

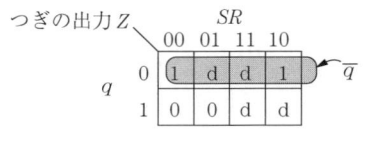

(a) $Q = q \cdot \overline{S} + R$

(b) $Z = \overline{q}$

図 10.8 カルノー図を用いた簡単化 (RS ラッチ)

励起表より励起関数を，出力表より出力関数を求める。**図 10.8** にカルノー図を用いた簡単化の結果を示す。

10.3.3 論理回路の作成

前項で求めた励起関数 $Q = q \cdot \overline{S} + R$ と出力関数 $Z = \overline{q}$ を論理回路で示す（**図 10.9**）。

図 10.9 の回路は，**図 10.10** のように考え，NOR や NAND による構成にすることができる。

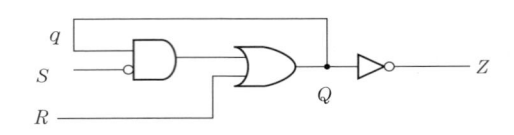

図 10.9 論理回路（RS ラッチ）

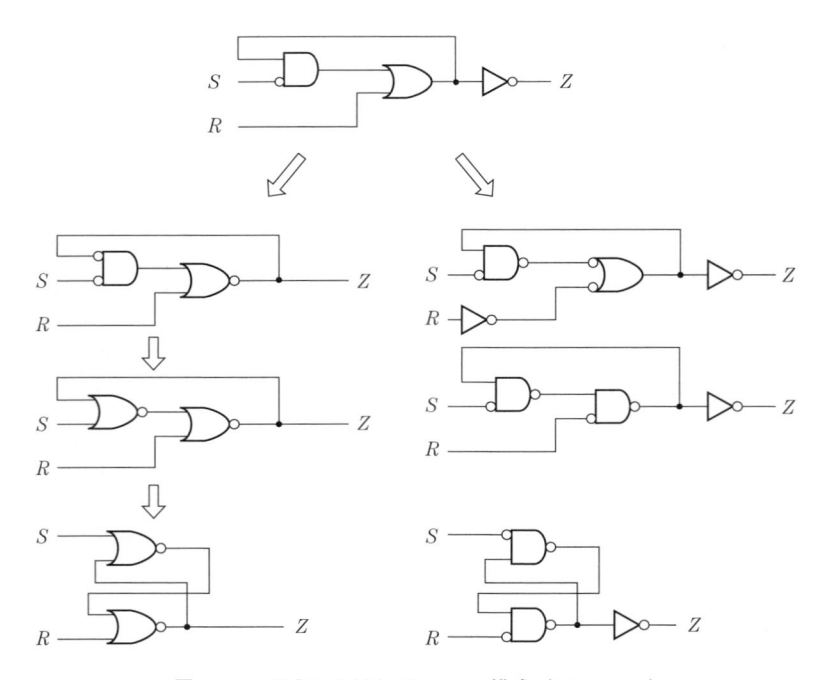

図 10.10 NOR や NAND による構成（RS ラッチ）

10.3 ラッチを使用しない論理設計

例題 10.2 ポジティブエッジ型 D-FF の遷移図と遷移表を作成せよ。

解答例 図 10.11 に示す手順で，仕様，全体ブロック図，タイミングチャート，機能表，遷移図，遷移表を求める。

仕様: クロックの立上りに対して入力 D を出力 Z に伝える

全体ブロック図: D, CK 入力, Z 出力のブロック

タイミングチャート:

D	0	1	0	0	1	1	0	1	1	0
CK	1	1	1	0	0	1	1	1	0	0
Z	0	0	0	0	0	1	1	1	1	1
状態	B	D	B	A	C	H	F	H	G	E

機能表:

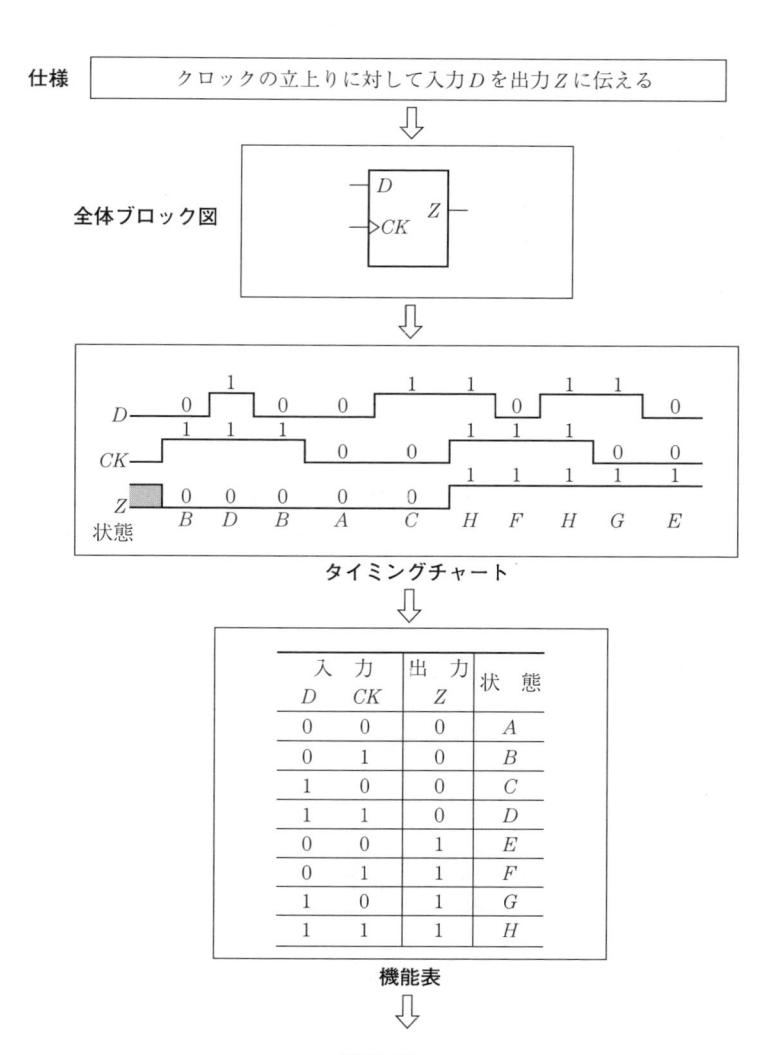

入力		出力	状態
D	CK	Z	
0	0	0	A
0	1	0	B
1	0	0	C
1	1	0	D
0	0	1	E
0	1	1	F
1	0	1	G
1	1	1	H

図 10.11

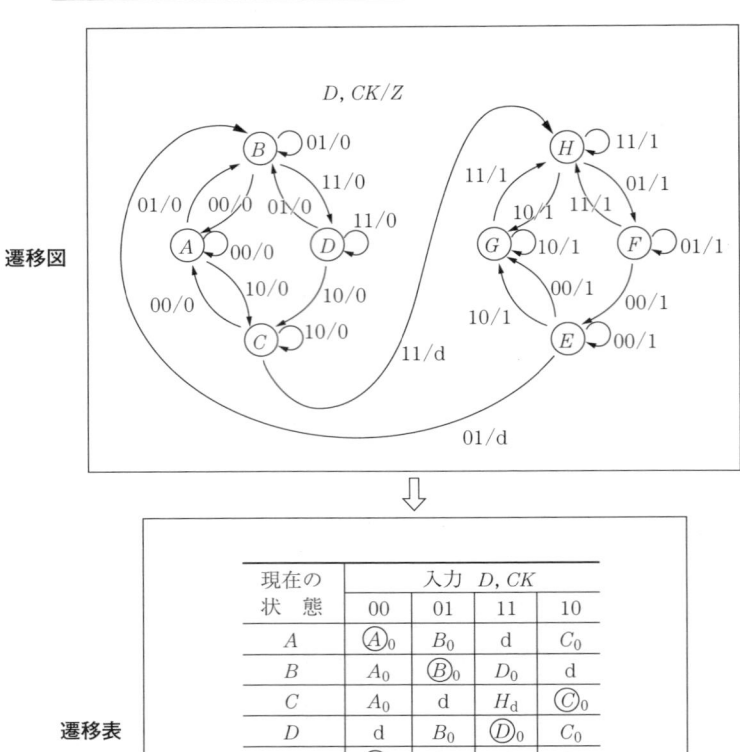

118 10. 非同期式順序回路の設計

遷移図

現在の状態	入力 D, CK			
	00	01	11	10
A	$Ⓐ_0$	B_0	d	C_0
B	A_0	$Ⓑ_0$	D_0	d
C	A_0	d	H_d	$Ⓒ_0$
D	d	B_0	$Ⓓ_0$	C_0
E	$Ⓔ_1$	B_d	d	G_1
F	E_1	$Ⓕ_1$	H_1	d
G	E_1	d	H_1	$Ⓖ_1$
H	d	F_1	$Ⓗ_1$	G_1

つぎの状態 Q/出力 Z

・D と CK の同時変化は禁止
・ハザードの対策

遷移表

図 10.11 （つづき）

10.4 ラッチを使用した論理設計

　ラッチを使用した論理設計では，同期式順序回路の場合と同様に，ラッチ回路を中心として，その駆動関数と出力関数を求める（図 10.2）。RS ラッチを用いた T-FF の設計を例に，論理設計手順を説明する。

10.4.1 励起表，出力表の作成

図 10.12 に仕様から励起表と出力表を作成する流れを示す．ここまでの流れ

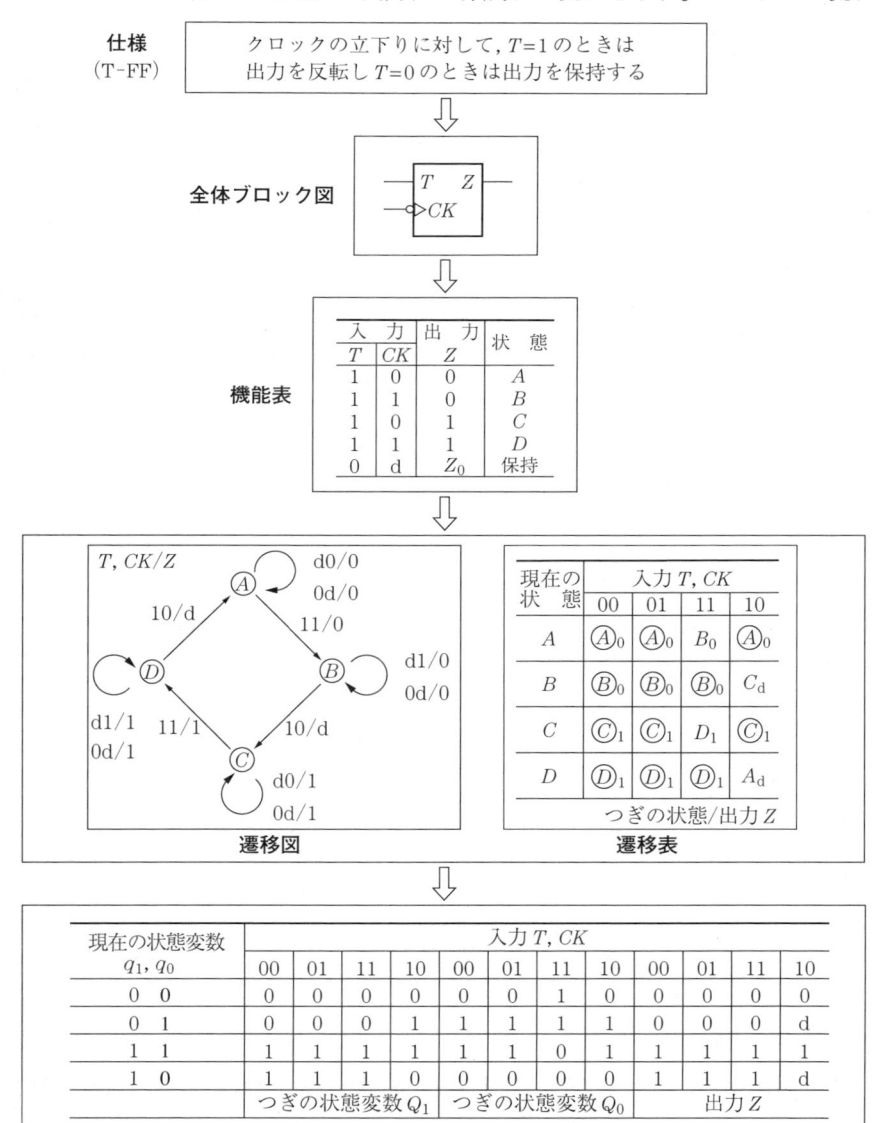

仕様（T-FF）: クロックの立下りに対して，$T=1$ のときは出力を反転し $T=0$ のときは出力を保持する

全体ブロック図: T, Z, CK

機能表:

入力		出力	状態
T	CK	Z	
1	0	0	A
1	1	0	B
1	0	1	C
1	1	1	D
0	d	Z_0	保持

遷移図: T, CK/Z

- A: d0/0, 0d/0 (自己ループ)
- A → D: 10/d
- A → B: 11/0
- B: d1/0, 0d/0 (自己ループ)
- D: d1/1, 0d/1 (自己ループ)
- B → C: 10/d
- D → A: 11/1
- C: d0/1, 0d/1 (自己ループ)

遷移表:

現在の状態	入力 T, CK			
	00	01	11	10
A	A_0	A_0	B_0	A_0
B	B_0	B_0	B_0	C_d
C	C_1	C_1	D_1	C_1
D	D_1	D_1	D_1	A_d

つぎの状態/出力 Z

励起表と出力表:

現在の状態変数 q_1, q_0	入力 T, CK											
	00	01	11	10	00	01	11	10	00	01	11	10
0 0	0	0	0	0	0	0	1	0	0	0	0	0
0 1	0	0	0	1	1	1	1	1	0	0	0	d
1 1	1	1	1	1	1	1	0	1	1	1	1	1
1 0	1	1	1	1	0	0	0	0	1	1	1	d
	つぎの状態変数 Q_1				つぎの状態変数 Q_0				出力 Z			

図 10.12 仕様から励起表と出力表を作成する流れ（T-FF）

120　　10．非同期式順序回路の設計

は，ラッチを使用しない設計の場合と同様である。

〔1〕 **仕　　　様**　　ネガティブエッジトリガ型 T-FF の仕様を示す。

〔2〕 **全体ブロック図**　　入力信号，出力信号を決定する。

〔3〕 **機　能　表**　　入力状態に対する出力の値と状態名を示す。FF を使用するわけではないので，クロック CK は T と同じく入力であり，機能表の入力に示される。

〔4〕 **遷移図，遷移表**　　遷移図には，現在の状態に対するつぎの状態およびつぎの出力が示される。安定状態には○印を付加する。

〔5〕 **励起表，出力表**　　状態変数 q_1, q_0 に状態 A, B, C, D を割り付け，励起表と出力表を作成する。ここでは，$A=00$, $B=01$, $C=11$, $D=10$ を割り付けている。

10.4.2　ラッチの遷移表

設計に使用するラッチの動作は，同期式順序回路の設計における FF と同様に，遷移表として示される。**図 10.13** に今回使用する RS ラッチの動作を示す。同図(c)の遷移表は，出力が現在の状態 q からつぎの状態 Q へ遷移するための入力 SR の条件を示す。

入力		出力	
S	R	Q	$\overline{Q}$
0	0	Q_0	$\overline{Q_0}$
0	1	0	1
1	0	1	0
1	1	禁止	

$q \rightarrow Q$		S	R
0	0	0	d
0	1	1	0
1	0	0	1
1	1	d	0

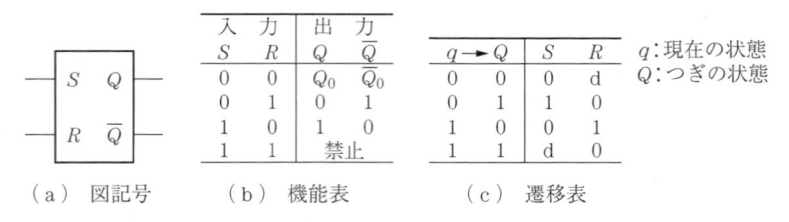

q：現在の状態
Q：つぎの状態

（a）図記号　　（b）機能表　　（c）遷移表

図 10.13　RS ラッチ

10.4.3　駆動表の作成

図 10.12 の励起表と出力表より状態数は 4 であり，これを表現する状態変数の個数は $n=2$ となる。このことより，RS ラッチを用いた回路の構成は**図 10.14** となる。

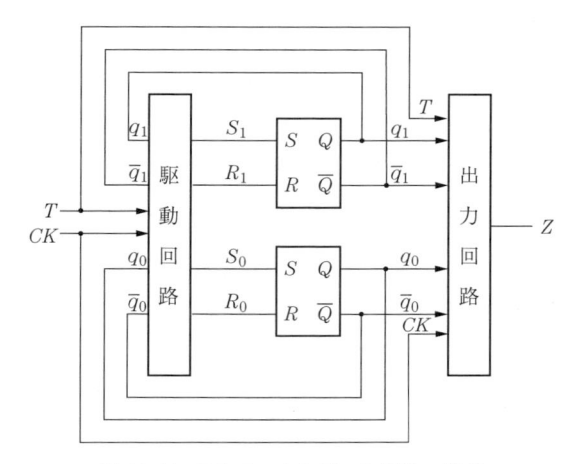

図 10.14 RS ラッチを用いた回路の構成

RS ラッチを用いた論理設計では，図 10.14 の駆動回路と出力回路を組合せ回路で設計することになる。

まず，出力関数を求める。図 10.12 の出力表より簡単化を行い，出力関数 $Z = q_1$ を得る（**図 10.15**）。

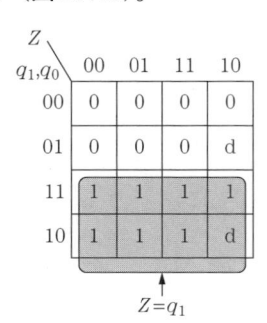

図 10.15 出力関数（T-FF）

つぎに駆動関数を求める。図 10.13(c) の RS ラッチの遷移表を用いて，図 10.12 の励起表を駆動表に変換する。この場合，状態変数が Q_1 と Q_0 の 2 個なので，それぞれについて駆動表を求める。**図 10.16** と**図 10.17** において Q_0 と Q_1 の駆動表を作成し駆動関数を求める。

$$S_0 = \overline{q_1} \cdot T \cdot CK \qquad R_0 = q_1 \cdot T \cdot CK$$
$$S_1 = q_0 \cdot T \cdot \overline{CK} \qquad R_1 = \overline{q_0} \cdot T \cdot \overline{CK}$$

10. 非同期式順序回路の設計

(a) RSラッチの遷移表

$q \rightarrow Q$		S	R
0	0	0	d
0	1	1	0
1	0	0	1
1	1	d	0

(b) 励起表

現在の状態変数		入力 T, CK			
q_1	q_0	00	01	11	10
0	0	0	0	1	0
0	1	1	1	1	1
1	1	1	1	0	1
1	0	0	0	0	0

Q_0

$q_0 \rightarrow Q_0$ の励起を考える

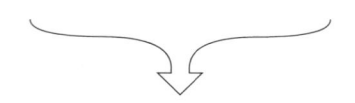

(c) 駆動表

S_0, R_0	入力 T, CK			
q_1, q_0	00	01	11	10
0 0	0, d	0, d	1, 0	0, d
0 1	d, 0	d, 0	d, 0	d, 0
1 1	d, 0	d, 0	0, 1	d, 0
1 0	0, d	0, d	0, d	0, d

S_0 / T, CK

q_1, q_0 \ T,CK	00	01	11	10
00	0	0	1	0
01	d	d	d	d
11	d	d	0	d
10	0	0	0	0

$S_0 = \overline{q}_1 \cdot T \cdot CK$

R_0 / T, CK

q_1, q_0 \ T,CK	00	01	11	10
00	d	d	0	d
01	0	0	0	0
11	0	0	1	0
10	d	d	d	d

$R_0 = q_1 \cdot T \cdot CK$

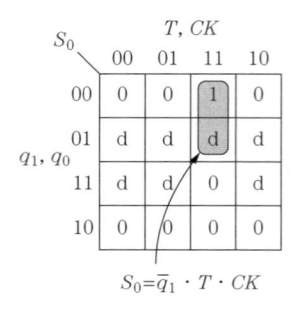

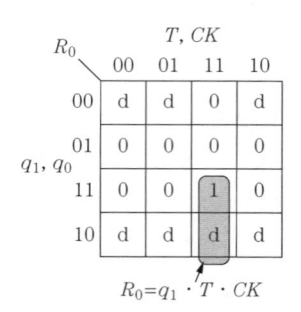

図 10.16 駆動関数を求める (Q_0)

10.4 ラッチを使用した論理設計

(a) RSラッチの遷移表

$q \rightarrow Q$		S	R
0	0	0	d
0	1	1	0
1	0	0	1
1	1	d	0

(b) 励起表

現在の状態変数		入力 T, CK			
q_1, q_0		00	01	11	10
0	0	0	0	0	0
0	1	0	0	0	1
1	1	1	1	1	1
1	0	1	1	1	0

→ Q_1

$q_1 \rightarrow Q_1$ の励起を考える

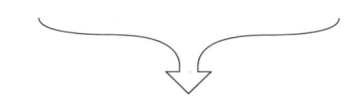

(c) 駆 動 表

S_1, R_1	入力 T, CK			
q_1, q_0	00	01	11	10
0　0	0, d	0, d	0, d	0, d
0　1	0, d	0, d	0, d	1, 0
1　1	d, 0	d, 0	d, 0	d, 0
1　0	d, 0	d, 0	d, 0	0, 1

S_1

q_1, q_0 \ T, CK	00	01	11	10
00	0	0	0	0
01	0	0	0	1
11	d	d	d	d
10	d	d	d	0

$S_1 = q_0 \cdot T \cdot \overline{CK}$

R_1

q_1, q_0 \ T, CK	00	01	11	10
00	d	d	d	d
01	d	d	d	0
11	0	0	0	0
10	0	0	0	1

$R_1 = \overline{q_0} \cdot T \cdot \overline{CK}$

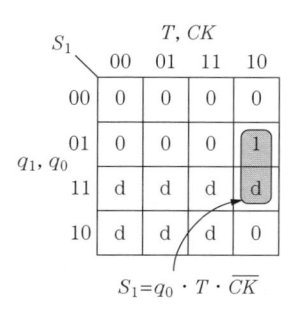

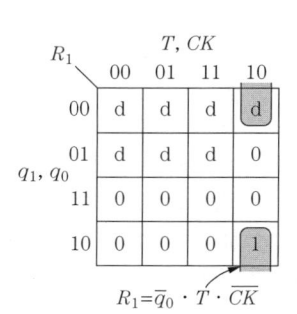

図 10.17 駆動関数を求める (Q_1)

10.4.4　論理回路の作成

求めた出力関数と駆動関数を用いて論理回路を作成する（**図 10.18**）。

$Z = q_1$
$S_0 = \overline{q_1} \cdot T \cdot CK$
$S_1 = q_0 \cdot T \cdot \overline{CK}$
$R_0 = q_1 \cdot T \cdot CK$
$R_1 = \overline{q_0} \cdot T \cdot \overline{CK}$

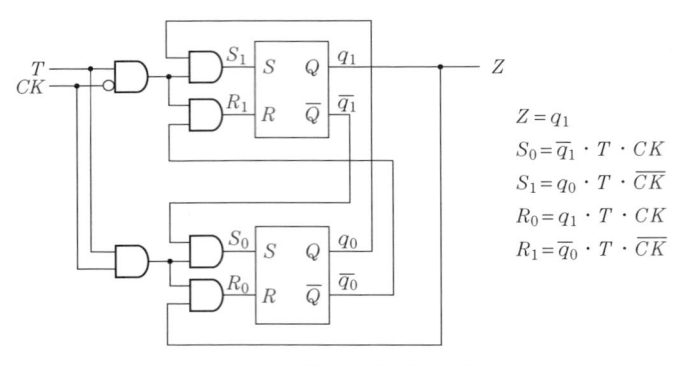

図 10.18　論理回路（T-FF）

コーヒーブレイク

「PDCA をまわせ」

　半導体メーカに勤務していたころの話ですが，会社を挙げて QC（quality control）活動に取り組み，デミング賞の受賞を果たした経験があります。担当部署の QC サークルリーダーに任命された私は，「QC 七つ道具」を振りまわして設計を行っていました。QC 七つ道具とは，パレート図，特性要因図，グラフ，チェックシート，散布図，ヒストグラム，管理図のことで，日科技連の書籍に示されています。この七つ道具を効果的に使うには，「PDCA をまわせ」と言われます。PDCA は，Plan（計画），Do（実施），Check（確認），Action（処置）の略で，このサイクルをきちんとまわし，問題点の分析，品質管理，マネージメント管理，業務の改善，効率化に生かします。

　どの程度，設計の効率や品質が向上されたかは疑問ですが，その後の人生に大きく影響を与えたのは事実です。

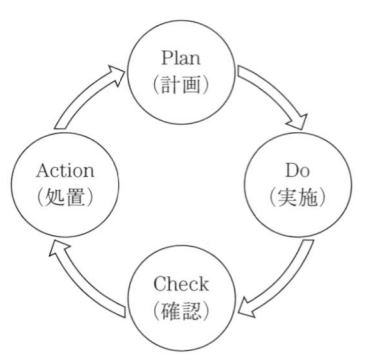

演 習 問 題

1. 非同期式順序回路の論理設計において，ラッチを使用する場合と使用しない場合をそれぞれの優劣の面より比較せよ．
2. 同期式順序回路と非同期式順序回路に関して調べ，それぞれの優劣の面より比較せよ．
3. 図 10.19 に示す D ラッチの機能表に対する論理回路を設計せよ．ただし，ラッチを使用しない論理設計手法を使用せよ．

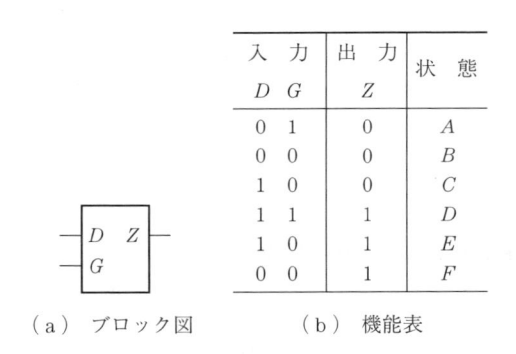

入　力		出　力	状　態
D	G	Z	
0	1	0	A
0	0	0	B
1	0	0	C
1	1	1	D
1	0	1	E
0	0	1	F

（a）ブロック図　　（b）機能表

図 10.19

4. ポジティブエッジトリガ形の D-FF を設計せよ．ただし，ラッチを使用する設計法を用い，ラッチには図 10.20 に示す RS ラッチを使用せよ．

出　力		入　力		
q	$\rightarrow Q$	S	R	
0	0	0	d	
0	1	1	0	
1	0	0	1	
1	1	d	0	

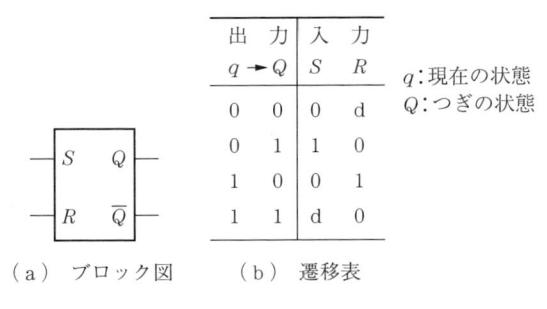

q：現在の状態
Q：つぎの状態

（a）ブロック図　　（b）遷移表

図 10.20

順序回路の解析 11

　順序回路は内部に記憶要素を持っているため，その解析には入力の変化に対する内部状態の遷移を把握する必要がある。状態の遷移は，同期式順序回路の場合はクロック入力で行われ，非同期式順序回路の場合は入力変化によって行われる。本章では同期式順序回路と非同期式順序回路のそれぞれを対象として，回路の解析方法について説明する。また，実際に回路を使用する際に考慮すべきトラップやハザードに関する対策について述べる。

11.1　同期式順序回路の解析

　図 11.1 に同期式順序回路の解析手順を示す。設計とは逆の手順で論理回路から駆動表，励起表，出力表を導き，遷移表と遷移図において動作の解析を行う。解析例として，図 11.2 に 3 ビットジョンソンカウンタを取り上げる。

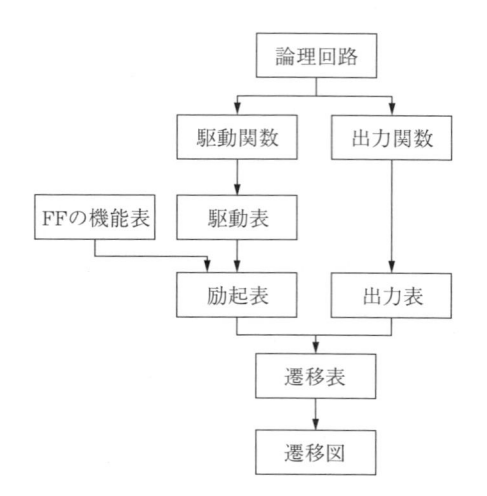

図 11.1　同期式順序回路の解析手順

11.1 同期式順序回路の解析

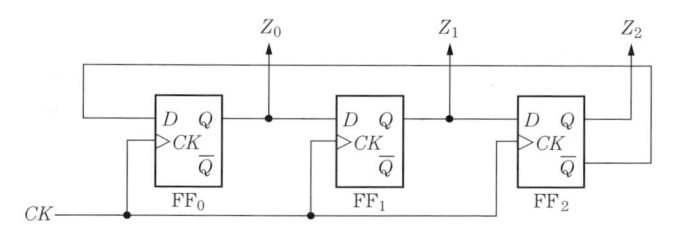

図 11.2 3ビットジョンソンカウンタ

11.1.1 駆動関数の作成

まず，図 11.2 の論理回路を構成する FF ごとに入出力条件を明らかにし，入出力状態を**表 11.1** のように割り付ける。

表 11.1 入出力状態の割付け

	入力	出力	
		現在の状態	つぎの状態
FF_0	D_0	q_0	Q_0
FF_1	D_1	q_1	Q_1
FF_2	D_2	q_2	Q_2

そして，図 11.2 と表 11.1 を用いて駆動関数と出力関数を求める。状態変数 ($q_0 \sim q_2$) を用いて各 FF の入力 D_2, D_1, D_0 の入力条件を駆動関数として示す。

　　駆動関数…$D_2 = q_1,$　　$D_1 = q_0,$　　$D_0 = \overline{q_2}$

出力関数は，出力 $Z_2 \sim Z_0$ を各 FF の出力 ($Q_0 \sim Q_2$) で示す。

　　出力関数…$Z_2 = Q_2,$　　$Z_1 = Q_1,$　　$Z_0 = Q_0$

駆動関数よりすべての状態の組合せを考え，**表 11.2** の駆動表を求める。

表 11.2 駆動表

現在の状態変数			FF の入力			現在の状態変数			FF の入力		
q_2	q_1	q_0	D_2	D_1	D_0	q_2	q_1	q_0	D_2	D_1	D_0
0	0	0	0	0	1	1	0	0	0	0	0
0	0	1	0	1	1	1	0	1	0	1	0
0	1	0	1	0	1	1	1	0	1	0	0
0	1	1	1	1	1	1	1	1	1	1	0

11.1.2 励起表,出力表の作成

表 11.3 に D-FF の機能表を示す。この機能表を表 11.2 の駆動表に当てはめ,現在の状態からつぎの状態への変化を励起表として示す。**表 11.4** の励起表には,出力関数より作成した出力表が付加されている。

表 11.3 D-FF の機能表

入力 D	出力 Q
1	1
0	0

表 11.4 励起表と出力表

現在の 状態変数			つぎの 状態変数			出力		
q_2	q_1	q_0	Q_2	Q_1	Q_0	Z_2	Z_1	Z_0
0	0	0	0	0	1	0	0	1
0	0	1	0	1	1	0	1	1
0	1	0	1	0	1	1	0	1
0	1	1	1	1	1	1	1	1
1	0	0	0	0	0	0	0	0
1	0	1	0	1	0	0	1	0
1	1	0	1	0	0	1	0	0
1	1	1	1	1	0	1	1	0

11.1.3 遷移図,遷移表の作成

2進数 000〜111 で示される状態変数の組合せを状態名 A〜H に割り付ける(**表 11.5**)。そして,割り付けた状態名を表 11.4 の励起表,出力表に適用し,遷移図(**図 11.3**)と遷移表(**表 11.6**)を作成する。ここで作成した遷移図と遷移表を用いて回路動作の解析を行う。

表 11.5 状態名の割付け

状態変数			状態名
0	0	0	A
0	0	1	B
0	1	0	C
0	1	1	D
1	0	0	E
1	0	1	F
1	1	0	G
1	1	1	H

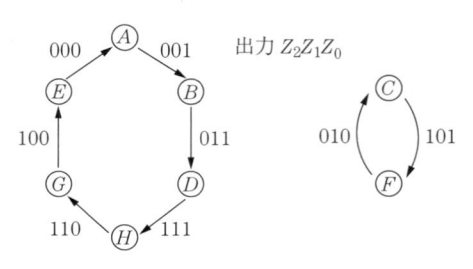

図 11.3 遷移図

表 11.6 遷移表

現在の状態	つぎの状態	出力 Z_2	Z_1	Z_0
A	B	0	0	1
B	D	0	1	1
C	F	1	0	1
D	H	1	1	1
E	A	0	0	0
F	C	0	1	0
G	E	1	0	0
H	G	1	1	0

11.1.4 トラップの検出と対策

図 11.3 の遷移図は，3ビットジョンソンカウンタの動作を示している．状態 A から $B, D, H, \cdots$ と遷移する場合は正常にカウント動作を行うが，一旦，状態 C もしくは状態 F に遷移してしまうと，カウンタ動作に戻れずに状態 C と F を繰り返すことになる．このように期待外の状態から抜け出せなくなり，正常動作に遷移できなくなることを**トラップ**（trap）という．トラップの対策としては，初期化やリセット信号によって必ず正常な遷移に導く方法やトラップがないように遷移条件を変更する方法がある．ここでは，後者の方法を例にトラップ対策を行う．

図 11.4 にトラップ対策を施した遷移図を示す．状態 F からの遷移先を状態 C から状態 A へと変更することによって，トラップが解消できることがわかる．

図 11.4 の遷移図をもとに論理設計を行う．以下の手順に従って，遷移表，励起表，出力表，駆動表を作成し，駆動関数と出力関数を求める（**図 11.5**）．

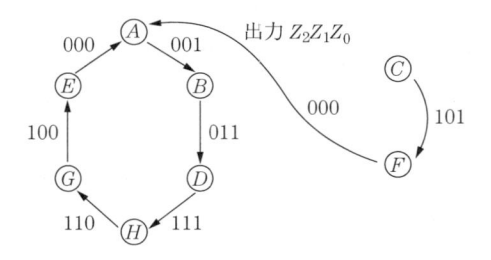

図 11.4 トラップ対策を施した遷移図

11. 順序回路の解析

(a) 遷移表

現在の状態	つぎの状態	出力 $Z_2\ Z_1\ Z_0$
A	B	0 0 1
B	D	0 1 1
C	F	1 0 1
D	H	1 1 1
E	A	0 0 0
F	A	0 0 0
G	E	1 0 0
H	G	1 1 0

(b) 励起表,出力表
出力関数 $Z_2=Q_2,\ Z_1=Q_1,\ Z_0=Q_0$

現在の状態変数 $q_2\ q_1\ q_0$	つぎの状態変数 $q_2\ q_1\ q_0$	出力 $z_2\ z_1\ z_0$
0 0 0	0 0 1	0 0 1
0 0 1	0 1 1	0 1 1
0 1 0	1 0 1	1 0 1
0 1 1	1 1 1	1 1 1
1 0 0	0 0 0	0 0 0
1 0 1	0 0 0	0 0 0
1 1 0	1 0 0	1 0 0
1 1 1	1 1 0	1 1 0

(c) 駆動表

現在の状態変数 $q_2\ q_1\ q_0$	FFの入力 $D_2\ D_1\ D_0$
0 0 0	0 0 1
0 0 1	0 1 1
0 1 0	1 0 1
0 1 1	1 1 1
1 0 0	0 0 0
1 0 1	0 0 0
1 1 0	1 0 0
1 1 1	1 1 0

D_2 カルノー図: $D_2 = q_1$

D_1 カルノー図: $D_1 = q_0 \cdot q_1 + q_0 \cdot \overline{q_2} = q_0 \cdot (q_1 + \overline{q_2})$

D_0 カルノー図: $D_0 = \overline{q_2}$

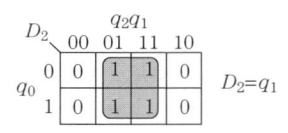

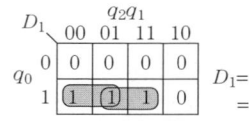

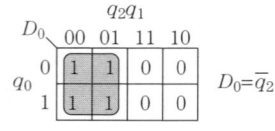

(d) 駆動関数の導出

図 11.5

(1) 表 11.6 の遷移表をもとに,図 11.4 の遷移図を反映させる。

(2) 励起表,出力表を作成する(出力関数を得る)。

(3) D-FF の遷移を考え,駆動表を作成する。

(4) カルノー図を用いて駆動関数を求める。

　　　駆動関数… $D_2 = q_1$,　　$D_1 = q_0 \cdot (q_1 + \overline{q_2})$,　　$D_0 = \overline{q_2}$

　　　出力関数… $Z_2 = Q_2$,　　$Z_1 = Q_1$,　　　　　　　　　$Z_0 = Q_0$

駆動関数と出力関数で作成した論理回路を図 11.6 に示す。

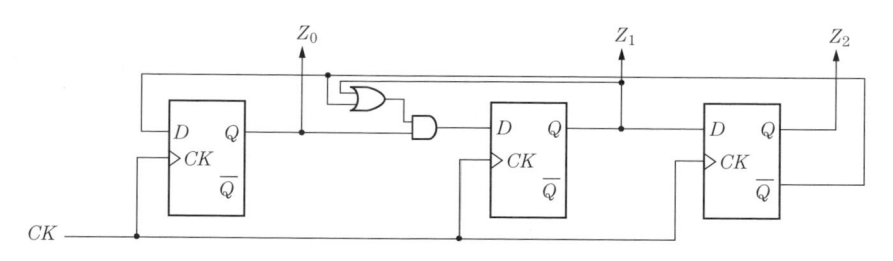

図 11.6 論理回路（トラップを考慮した 3 ビットジョンソンカウンタ）

11.2 非同期式順序回路の解析

図 11.7 に非同期式順序回路の解析手順を示す。ラッチを使用して非同期式順序回路が設計されている場合は、ラッチをフィードバックループとして用いているので、同期式順序回路と同様に、励起表と出力表から遷移図と遷移表を求め、解析を行う。これに対して、ラッチを使用しない設計の場合は、まず、フィードバックループの特定を行う。

ここでは、図 11.8 に示す非同期式順序回路を例に、解析手順を述べる。

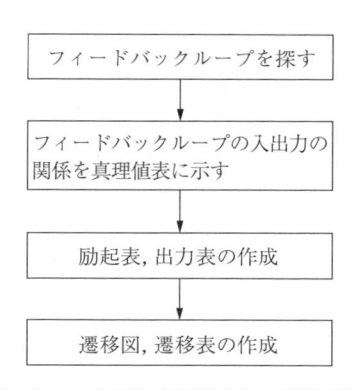

図 11.7 非同期式順序回路の解析手順

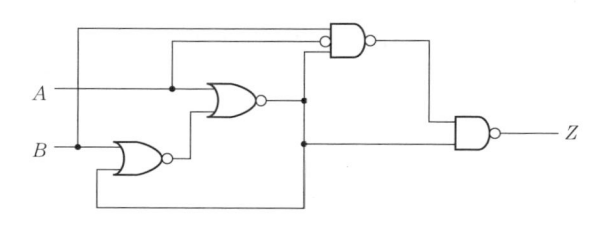

図 11.8 非同期式順序回路

11.2.1 フィードバックループを特定する

非同期式順序回路におけるフィードバックループを探し，その入出力に名前を割り付ける（**図 11.9**）。そして，**図 11.10** のようにフィードバックループを切り離した状態を考え，入出力状態を真理値表にまとめる（**表 11.7**）。

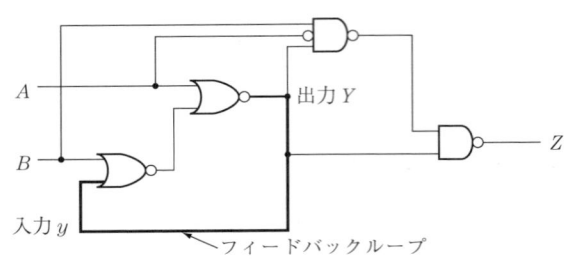

図 11.9 フィードバックループ

図 11.10 フィードバックループを切り離す

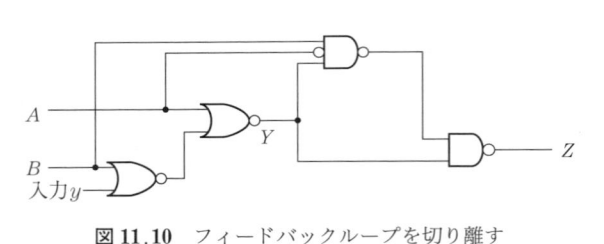

表 11.7 真理値表

入力			出力	
A	B	y	Y	Z
0	0	0	0	1
0	0	1	1	0
0	1	0	1	0
0	1	1	1	1
1	0	0	0	1
1	0	1	0	1
1	1	0	0	1
1	1	1	0	1

11.2.2 励起表，出力表の作成

表 11.7 の真理値表より，フィードバック出力 Y と回路出力 Z について励起表と出力表を作成する（**表 11.8**）。

表 11.8 励起表と出力表

フィードバック入力 y	入力 AB							
	00	01	11	10	00	01	11	10
0	0	1	0	0	1	0	1	1
1	1	1	0	0	0	1	1	1
	フィードバック出力 Y				出力 Z			

11.2.3 遷移図，遷移表の作成

励起表，出力表をもとにして，フィードバック入力「$y=0$」を状態名 α に，「$y=1$」を状態名 β に割り付け，遷移図（**図 11.11**）と遷移表（**表 11.9**）を作成する。遷移表の安定状態には○を付す。

入力 AB/出力 Z

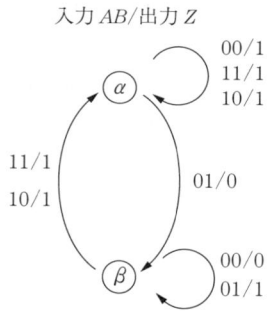

図 11.11 遷 移 図

表 11.9 遷 移 表

現在の状態	入力 AB			
	00	01	11	10
α	ⓐ$_1$	β_0	ⓐ$_1$	ⓐ$_1$
β	ⓑ$_0$	ⓑ$_1$	α_1	α_1

つぎの状態/出力 Z

11.2.4 ハザードの検出と対策

図 11.11 の遷移図および表 11.9 の遷移表は 0 ハザードを含んでいる。**図 11.12** にハザードの発生部分を示す。入力 AB が 00 から 01 へ変化するとき，出力は 1 を保持することが望ましいが，遷移中に不安定状態の β_0 を通過するため，一時的に出力は 0 となってしまう（0 ハザードの発生）。

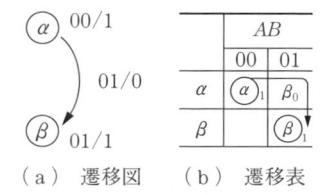

（a）遷移図　（b）遷移表

図 11.12 ハザードの発生（$AB: 00 \to 01$）

ここでは，ハザードが発生しないように遷移条件を変更して対策を行う。表 11.9 の遷移表の入力 AB において，β_0 を β_1 に変更することにより，ハザードの発生をおさえる。

134   11. 順序回路の解析

そして，つぎの手順に従い，**表 11.10** の遷移表より励起表と出力表を作成し，励起関数と出力関数を求める。

（1） 状態 α と β を状態変数 $q=0$，$q=1$ に割り付け，励起表と出力表を作成する（**表 11.11**）。

表 11.10 ハザード対策を施した遷移表

現在の状態	入力 AB			
	00	01	11	10
α	ⓐ$_1$	β_1*	ⓐ$_1$	ⓐ$_1$
β	ⓑ$_0$	ⓑ$_1$	α_1	α_1

つぎの状態/出力 Z
* 変更箇所

表 11.11 励起表と出力表

フィードバック入力 y	入力 AB							
	00	01	11	10	00	01	11	10
0	0	1	0	0	1	1	1	1
1	1	1	0	0	0	1	1	1
	Y				Z			

（2） 励起表と出力表より励起関数と出力関数を求める（**図 11.13**）。

　　励起関数 $\cdots Y = \overline{A} \cdot (B+y)$

　　出力関数 $\cdots Z = \overline{y} + A + B$

以上の結果をもとに論理回路を作成し，**図 11.14** に示す。

$Y = \overline{A} \cdot B + \overline{A} \cdot y = \overline{A} \cdot (B+y)$
（a） 励起関数

$\overline{y} + A + B$
（b） 出力関数

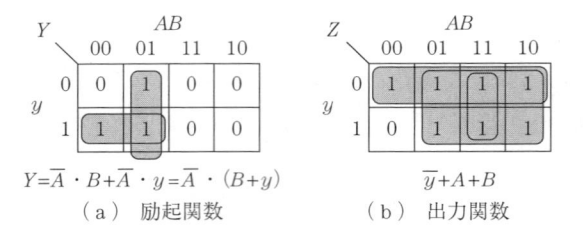

図 11.13 カルノー図

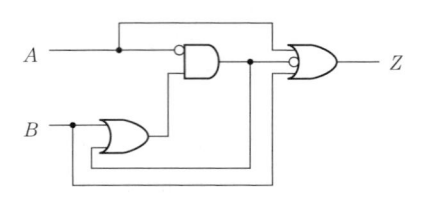

図 11.14 ハザード対策を施した論理回路

11.2.5 トラップの検出

つぎに，図 11.15 に示す非同期式順序回路を解析する。

以下の手順で，論理回路より真理値表，励起表，出力表を求め，遷移表と遷移図を作成する。

（1） フィードバック入力を切り離して，真理値表を作成する。

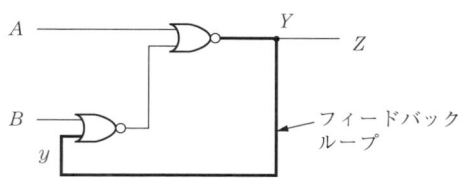

図 11.15 非同期式順序回路

コーヒーブレイク

「KKD」

KKD という言葉を聞いたことはありますか？

K：勘　　K：経験　　D：度胸

のことを示します。「100％勘を働かせろ」などと言われますが，日本人が好きな「気合」，「根性」などと同様に定量化することが難しい尺度です。

[K：勘] ひらめきや予見に威力を発揮します。しかし，人によって大きくばらつきがあることと裏づけがない（証明できない）ことがネックとなります。

[K：経験] 経験は貴重です。洞察力や判断力を伸ばします。しかし，過去の経験にとらわれすぎると，新しい発想ができなくなります。

[D：度胸] 「わかった，決断しよう」と果敢に対応する上司は頼もしい限りです。しかし，過ちを正当化する度胸は不要ですね。

KKD からの脱却を図った業務改善例や KKD の定量化，データベース化の研究など，KKD に関する話題は絶えません。死語になるのは遠い先のようです。

それまでは，KKD と科学的手法を効果的に使い分けたいものです。

(2) 真理値表より励起表と出力表（出力関数）を作成する（**表 11.12**）。
(3) 励起表と出力表の状態変数 $q=0$ を状態 α に，$q=1$ を状態 β に割り付け，遷移表（**表 11.13**）と遷移図（**図 11.16**）を作成する。

状態 α に遷移した場合は，いかなる入力状態に対しても状態 β に遷移できない（トラップする）ことが遷移図よりわかる。

表 11.12

(a) 真理値表

A	B	y	$Y=Z$
0	0	0	0
0	0	1	0
0	1	0	0
0	1	1	1
1	0	0	0
1	0	1	0
1	1	0	0
1	1	1	0

(b) 励起表と出力関数

y	AB			
	00	01	11	10
0	0	0	0	0
1	0	1	0	0

$Y=Z$

表 11.13 遷 移 表

現在の状態	入力 AB			
	00	01	11	10
α	α_0	α_0	α_0	α_0
β	α_0	β_1	α_0	α_0

つぎの状態/出力 Z

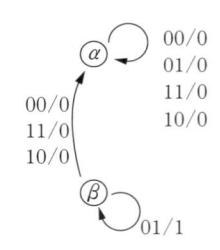

図 11.16 遷 移 図

演 習 問 題

[1] ハザードやトラップを原因とする回路の誤動作について調べよ。
[2] **図 11.17** の論理回路の遷移図と遷移表を作成し，回路動作を解析せよ。

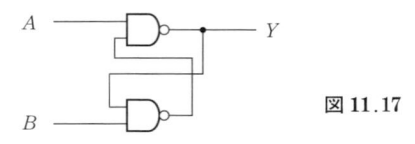

図 11.17

演 習 問 題　*137*

3　図 11.18 の回路の動作において，トラップが存在することを遷移図で確認せよ。

4　表 11.14 に示す遷移表を分析し，ハザード対策を施した励起表と出力表を作成せよ。

図 11.18

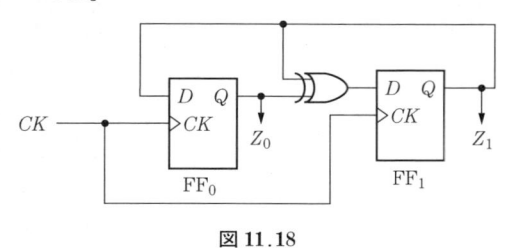

表 11.14　遷 移 表

	AB			
	00	01	11	10
α	ⓐ$_0$	β_1	ⓐ$_1$	β_0
β	ⓑ$_1$	ⓑ$_1$	α_1	ⓑ$_1$

5　図 11.19，図 11.20 の回路において，遷移図と遷移表を作成し動作を解析せよ。

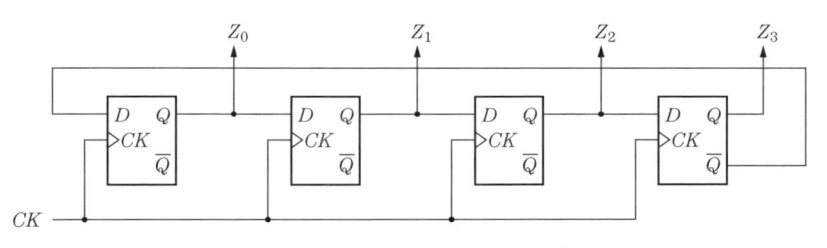

図 11.19

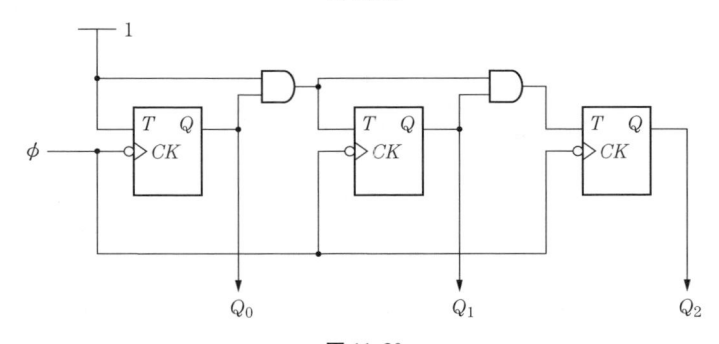

図 11.20

設計の具体例　12

8章で組合せ回路，9章で同期式順序回路，10章で非同期式順序回路の設計手順を述べるとともに，これまでいくつかの基本的な回路について設計を行った。本章では，これらのことをふまえて，実用的な回路の設計を例示する。

12.1 組合せ回路の設計例

組合せ回路の設計例として，4入力1出力マルチプレクサと3ビットコンパレータを例示する。ここでは複雑な回路の設計に応用できるように，機能分割を適用して設計を進める。

12.1.1 4入力1出力マルチプレクサ

3章で述べたように，マルチプレクサは複数の入力より一つを選んで出力する回路である。ここでは，図 12.1 に示す 4 入力 1 出力マルチプレクサの設計を行う。

　　　　　(a) 仕　様　　　　　　　　(b) 全体ブロック図

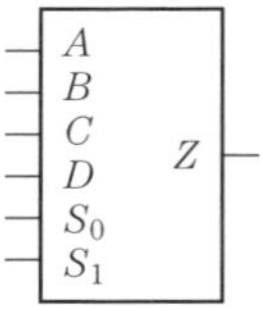

図 12.1　4 入力 1 出力マルチプレクサ

A, B, C, D の入力より一つを選び出力 Z に伝える。選択信号 S_0 と S_1 の組合せによって信号の選択を行う。

まず，仕様から表 12.1 の信号役割表を作成する。

この規模の機能であれば，表 12.2 に示す真理値表を作成して論理設計を行

12.1 組合せ回路の設計例

表 12.1 信号役割表

入 力	選択信号 S_0	選択信号 S_1	出 力 Z
ABCD	0	0	A
	0	1	B
	1	0	C
	1	1	D

表 12.2 真理値表

入 力 S_1	S_0	A	B	C	D	出 力 Z
0	0	0	d	d	d	0
0	0	1	d	d	d	1
0	1	d	0	d	d	0
0	1	d	1	d	d	1
1	0	d	d	0	d	0
1	0	d	d	1	d	1
1	1	d	d	d	0	0
1	1	d	d	d	1	1

うことも可能であるが，ここでは規模が大きいものに対応できる方法として，機能分割による設計を用いる。

マルチプレクサにおける選択部（ブロック 2）とデータ分岐部分（ブロック 1）を機能分割する。機能分割したブロック図とその仕様を**図 12.2** と**表 12.3** に示す。

表 12.3 よりブロック 1 とブロック 2 は，以下の論理式で示される。

$$Z = A \cdot S_a + B \cdot S_b + C \cdot S_c + D \cdot S_d$$
$$S_a = \overline{S_1} \cdot \overline{S_0}$$
$$S_b = \overline{S_1} \cdot S_0$$
$$S_c = S_1 \cdot \overline{S_0}$$
$$S_d = S_1 \cdot S_0$$

求めた論理式を**図 12.3** に示す。

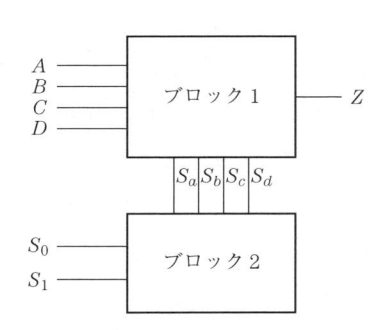

図 12.2 機能分割したブロック図

表 12.3 機能分割したブロックの仕様

（a）ブロック 1

S_a	S_b	S_c	S_d	Z
1	0	0	0	A
0	1	0	0	B
0	0	1	0	C
0	0	0	1	D

（b）ブロック 2

S_1	S_0	S_a	S_b	S_c	S_d
0	0	1	0	0	0
0	1	0	1	0	0
1	0	0	0	1	0
1	1	0	0	0	1

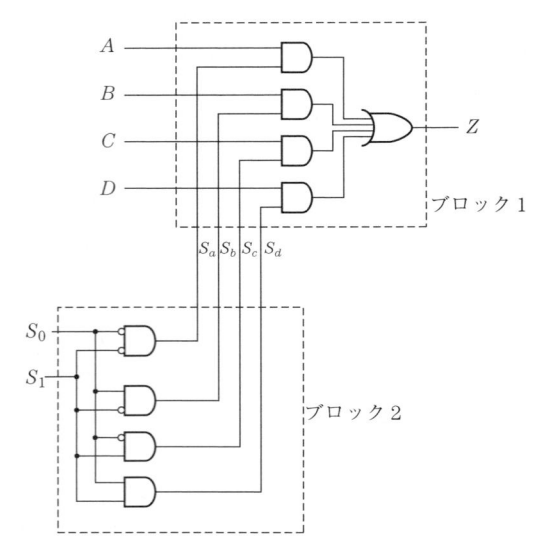

図 12.3 論理回路（4 入力 1 出力マルチプレクサ）

12.1.2 3 ビットコンパレータ

コンパレータ（comparator）とは，二つの値の大小を比較する回路である。ここでは，**図 12.4** に示す 3 ビットの絶対値表記の 2 進数を比較するコンパレータを設計する。8 章の演習問題 3 で取り上げた類似する大小比較器との比較を機能分割の面で比較されたい。

入力数 6 のすべての組合せ 2^6 通りの条件を考えて真理値表を作成し，論理設計を行う方法もあるが，ここでは機能を小ブロックに分割して設計を行う。

$Z=1$ となる入力条件を考えて機能分割した仕様を**図 12.5** に示す。分割したブロック 1〜3 の論理式は，以下に示される。**図 12.6** に論理回路を示す。

絶対値表記の 2 進数 $a_2a_1a_0$ と $b_2b_1b_0$ を大小比較し，$a_2a_1a_0 > b_2b_1b_0$ のときのみ，出力 Z を 1 にする。

（a）仕　様　　　　（b）全体ブロック図

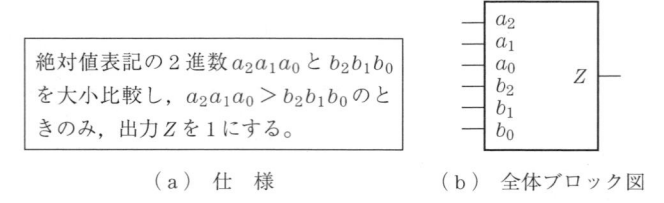

図 12.4 3 ビットコンパレータ

12.1 組合せ回路の設計例

$Z = Y_1 + Y_2 + Y_3$

(a) ブロック図

ブロック1

a_2	b_2	Y_1
1	0	1

$a_2 > b_2$

ブロック2

a_2	b_2	a_1	b_1	Y_2
0	0	1	0	1
1	1	1	0	1

$(a_2 = b_2) \cdot (a_1 > b_1)$

ブロック3

a_2	b_2	a_1	b_1	a_0	b_0	Y_3
0	0	0	0	1	0	1
0	0	1	1	1	0	1
1	1	0	0	1	0	1
1	1	1	1	1	0	1

$(a_2 = b_2) \cdot (a_1 = b_1) \cdot (a_0 > b_0)$

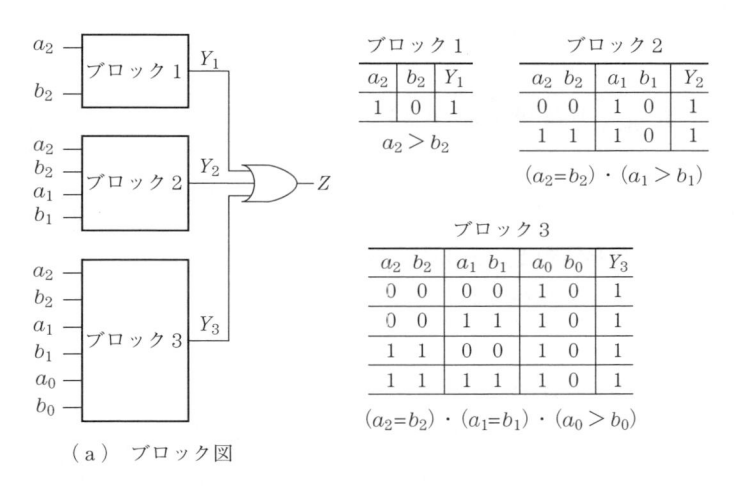

図 12.5 機能分割した仕様

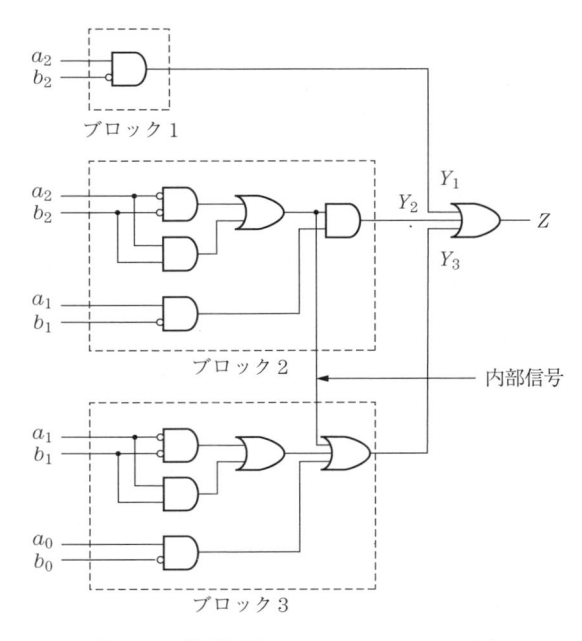

図 12.6 論理回路(3ビットコンパレータ)

$Y_1 = a_2 \cdot \bar{b}_2$
$Y_2 = (\bar{a}_2 \cdot \bar{b}_2 + a_2 \cdot b_2) \cdot a_1 \cdot \bar{b}_1$
$Y_3 = (\bar{a}_2 \cdot \bar{b}_2 + a_2 \cdot b_2) \cdot (\bar{a}_1 \cdot \bar{b}_1 + a_1 \cdot b_1) \cdot a_0 \cdot \bar{b}_0$

12.2 同期式順序回路の設計例

同期式順序回路の設計は，遷移表に表現した状態の遷移に基づき，構成に使用する各 FF の駆動関数と出力関数を求める．設計例として，2 進サイコロと 3 ビットアップカウンタを示す．

12.2.1 2 進サイコロ

図 12.7 に 2 進サイコロの仕様と全体ブロック図を示す．ここでは，1〜6 のカウントアップを繰り返しているが，サイコロの目の送り順は任意でかまわない（むしろランダムのほうが望ましい）．

（a）仕　様　　　　（b）全体ブロック図

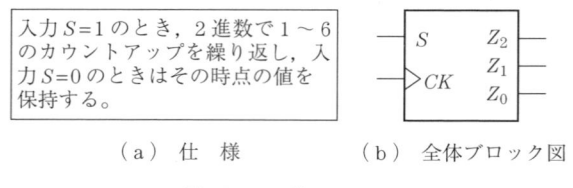

図 12.7　2 進サイコロ

仕様より遷移図（図 12.8）と遷移表（表 12.4）を作成する．遷移図より，2 進数で 1 から 6 までをカウントアップするカウンタであることと，入力 S によって待機とカウント動作を切りかえることがわかる．

つぎに，状態変数を割り付ける（表 12.5）．3 ビットの状態変数に対して 6 状態しか割り付けてなく，不完全定義のカウンタである．未定義の状態はここでは考慮しないこととする．

励起表と出力表（表 12.6），駆動表（表 12.7）を求める．ここでは，D-FF を要素とする．

12.2 同期式順序回路の設計例　　143

図 12.8　遷　移　図

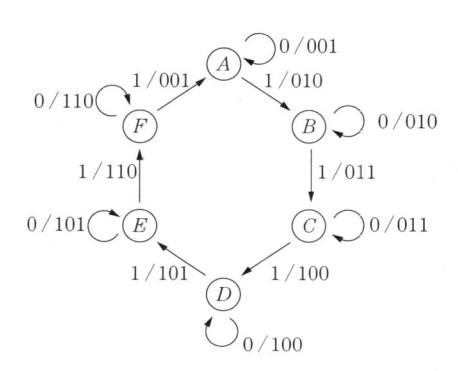

入力 S/出力 $Z_2Z_1Z_0$

表 12.4　遷　移　表

現在の状態			入力 S	
	0	1	0	1
A	A	B	001	010
B	B	C	010	011
C	C	D	011	100
D	D	E	100	101
E	E	F	101	110
F	F	A	110	001
	つぎの状態		つぎの出力 $Z_2Z_1Z_0$	

表 12.5　状態変数の割付け

	q_2	q_1	q_0
A	0	0	1
B	0	1	0
C	0	1	1
D	1	0	0
E	1	0	1
F	1	1	0

表 12.6　励起表と出力表

現在の状態変数			入力 S					
q_2	q_1	q_0	0			1		
0	0	1	0 0 1			0 1 0		
0	1	0	0 1 0			0 1 1		
0	1	1	0 1 1			1 0 0		
1	0	0	1 0 0			1 0 1		
1	0	1	1 0 1			1 1 0		
1	1	0	1 1 0			0 0 1		
				0			1	
			0 0 1	0 1 0		0 0 1	0 1 0	
			0 1 0	0 1 1		0 1 0	0 1 1	
			0 1 1	1 0 0		0 1 1	1 0 0	
			1 0 0	1 0 1		1 0 0	1 0 1	
			1 0 1	1 1 0		1 0 1	1 1 0	
			1 1 0	0 0 1		1 1 0	0 0 1	
			つぎの状態変数 $Q_2Q_1Q_0$			つぎの出力 $Z_2Z_1Z_0$		

表 12.7　駆動表（D-FF を使用）

現在の状態変数			入力 S	
q_2	q_1	q_0	0	1
0	0	1	0 0 1	0 1 0
0	1	0	0 1 0	0 1 1
0	1	1	0 1 1	1 0 0
1	0	0	1 0 0	1 0 1
1	0	1	1 0 1	1 1 0
1	1	0	1 1 0	0 0 1
			$D_2D_1D_0$	

カルノー図を用いて駆動表より駆動関数を求める（**図 12.9**）。設計した論理回路を**図 12.10** に示す。

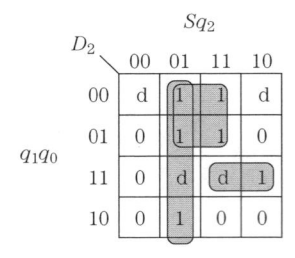

144　12. 設計の具体例

D_2 カルノー図:
Sq_2 / q_1q_0

	00	01	11	10
00	d	1	1	d
01	0	1	1	0
11	0	d	d	1
10	0	1	0	0

$D_2 = \overline{S} \cdot q_2 + S \cdot q_1 \cdot q_0 + q_2 \cdot \overline{q_1}$

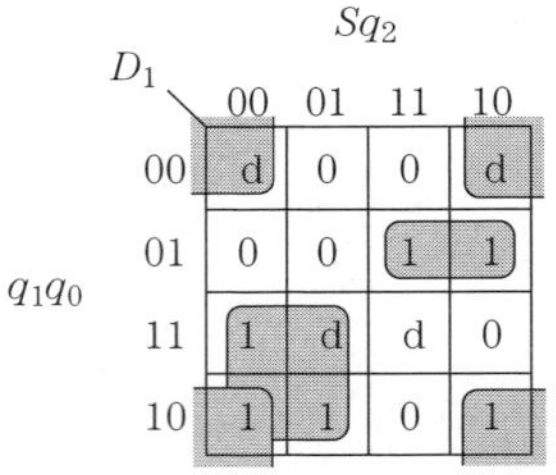

D_1 カルノー図:
Sq_2 / q_1q_0

	00	01	11	10
00	d	0	0	d
01	0	0	1	1
11	1	d	d	0
10	1	1	0	1

$D_1 = \overline{S} \cdot q_1 + S \cdot \overline{q_1} \cdot q_0 + \overline{q_2} \cdot \overline{q_0}$

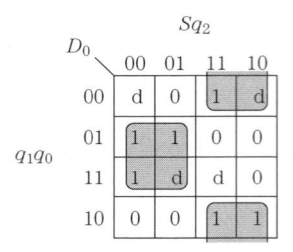

D_0 カルノー図:
Sq_2 / q_1q_0

	00	01	11	10
00	d	0	1	d
01	1	1	0	0
11	1	d	d	0
10	0	0	1	1

$D_0 = \overline{S} \cdot q_0 + S \cdot \overline{q_0}$

図 12.9　駆動関数

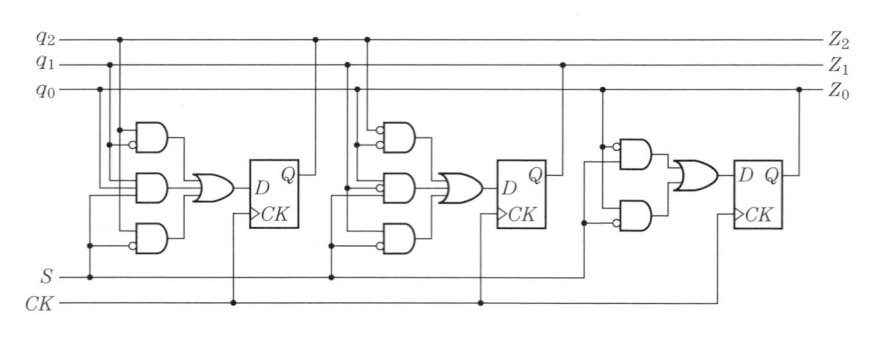

図 12.10　論理回路（2 進サイコロ）

12.2.2　3 ビットアップ・ダウンカウンタ

　制御入力によってカウントアップとカウントダウンを切り換える 3 ビットのカウンタを設計する。**図 12.11** に仕様と全体ブロック図を示す。

　仕様より，遷移図（**図 12.12**），遷移表（**表 12.8**）を作成する。

　状態を 3 ビットの状態変数 $q_2 q_1 q_0$ に割り付け，励起表と出力表（**表 12.9**）を求める。2 ビットの状態変数に対して全 8 状態を割り付ける完全定義のカウ

12.2 同期式順序回路の設計例

3ビットの出力 $Z_2 Z_1 Z_0$ に対して，入力 U が1のときはカウントアップし，入力 U が0のときはカウントダウンする。

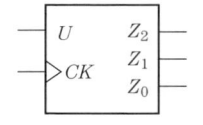

```
─── U      Z_2
─▷ CK      Z_1
           Z_0
```

（a）仕　様　　　　　　（b）全体ブロック図

図 12.11 3ビットアップ・ダウンカウンタ

入力 U/出力 $Z_2 Z_1 Z_0$

（状態遷移図：$A \to B \to C \to D \to E \to F \to G \to H \to A$ のリング）

- A: 1/000 → 次(アップ); 0/111 → 戻り
- $A \leftrightarrow B$: 1/001, 0/000
- $B \leftrightarrow C$: 1/010, 0/001
- $C \leftrightarrow D$: 1/011, 0/010
- $D \leftrightarrow E$: 1/100, 0/011
- $E \leftrightarrow F$: 1/101, 0/100
- $F \leftrightarrow G$: 1/110, 0/101
- $G \leftrightarrow H$: 1/111, 0/110
- $H \leftrightarrow A$: 1/000, 0/111

図 12.12 遷移図

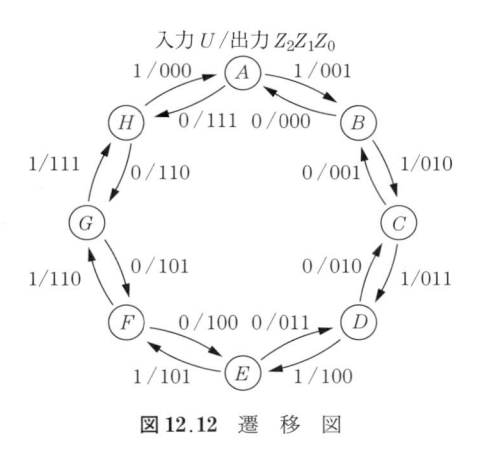

表 12.8 遷移表

現在の状態	入力 U			
	0	1	0	1
A	H	B	1 1 1	0 0 1
B	A	C	0 0 0	0 1 0
C	B	D	0 0 1	0 1 1
D	C	E	0 1 0	1 0 0
E	D	F	0 1 1	1 0 1
F	E	G	1 0 0	1 1 0
G	F	H	1 0 1	1 1 1
H	G	A	1 1 0	0 0 0
	つぎの状態		つぎの出力 $Z_2 Z_1 Z_0$	

表 12.9 励起表と出力表

現在の状態変数			入力 U			
q_2	q_1	q_0	0	1	0	1
0	0	0	1 1 1	0 0 1	1 1 1	0 0 1
0	0	1	0 0 0	0 1 0	0 0 0	0 1 0
0	1	0	0 0 1	0 1 1	0 0 1	0 1 1
0	1	1	0 1 0	1 0 0	0 1 0	1 0 0
1	0	0	0 1 1	1 0 1	0 1 1	1 0 1
1	0	1	1 0 0	1 1 0	1 0 0	1 1 0
1	1	0	1 0 1	1 1 1	1 0 1	1 1 1
1	1	1	1 1 0	0 0 0	1 1 0	0 0 0
			つぎの状態変数 $Q_2 Q_1 Q_0$		つぎの出力 $Z_2 Z_1 Z_0$	

* 出力関数 $Z_2 = Q_2$, $Z_1 = Q_1$, $Z_0 = Q_0$

表 12.10 駆動表（D-FF を使用）

現在の状態変数			入力 U	
q_2	q_1	q_0	0	1
0	0	0	1 1 1	0 0 1
0	0	1	0 0 0	0 1 0
0	1	0	0 0 1	0 1 1
0	1	1	0 1 0	1 0 0
1	0	0	0 1 1	1 0 1
1	0	1	1 0 0	1 1 0
1	1	0	1 0 1	1 1 1
1	1	1	1 1 0	0 0 0
			$D_2\ D_1\ D_0$	

146   12. 設 計 の 具 体 例

ンタである。

　励起表より駆動表を作成する（**表 12.10**）。ここでは，D-FF を使用する。

　カルノー図を用いて，駆動表より駆動関数を求める（**図 12.13**）。

図 12.13　駆動関数を示すカルノー図

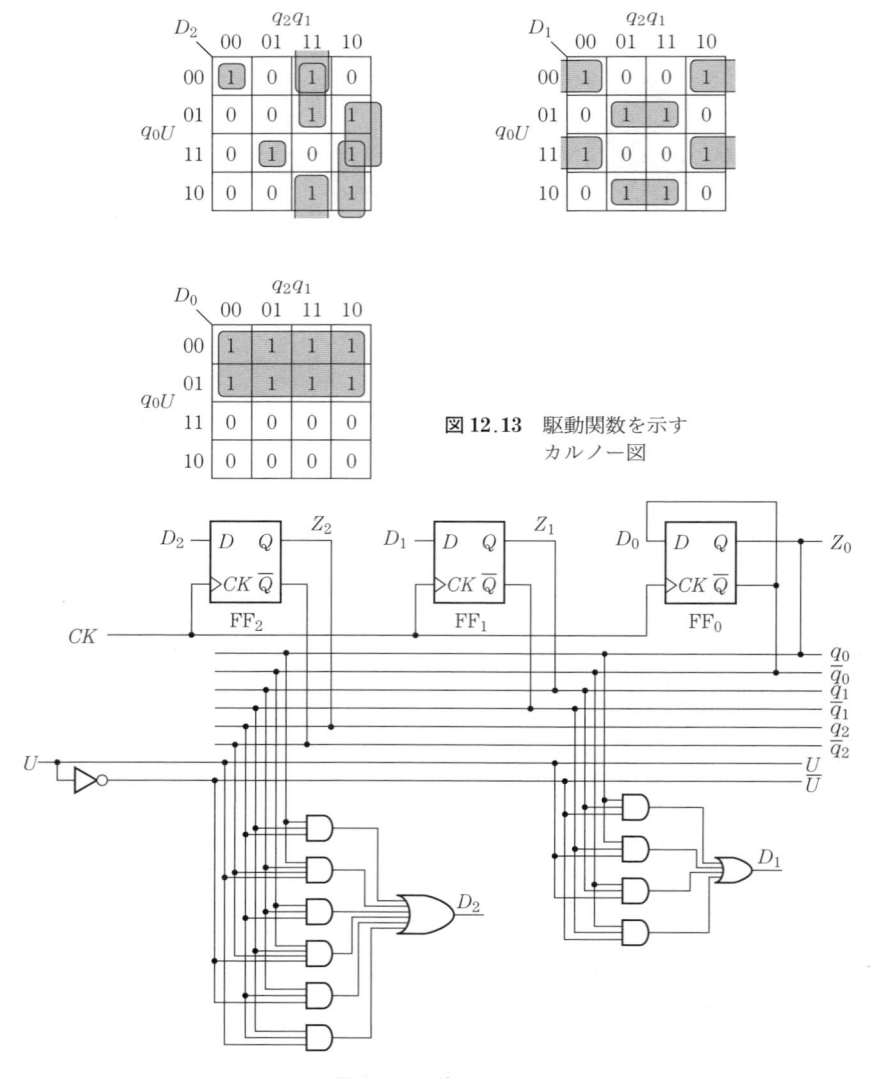

図 12.14　論理回路

出力関数…$Z_2 = Q_2,$　　　$Z_1 = Q_1,$　　　$Z_0 = Q_0$

駆動関数…$D_2 = \bar{q}_2 \cdot \bar{q}_1 \cdot \bar{q}_0 \cdot \bar{U} + \bar{q}_2 \cdot q_1 \cdot q_0 \cdot U + q_2 \cdot q_1 \cdot \bar{U}$
$\qquad\qquad + q_2 \cdot q_1 \cdot \bar{q}_0 + q_2 \cdot \bar{q}_1 \cdot U + q_2 \cdot \bar{q}_1 \cdot q_0$

$D_1 = \bar{q}_1 \cdot \bar{q}_0 \cdot \bar{U} + q_1 \cdot \bar{q}_0 \cdot U + \bar{q}_1 \cdot q_0 \cdot U + q_1 \cdot q_0 \cdot \bar{U}$

$D_0 = \bar{q}_0$

設計した論理回路を**図 12.14** に示す。

12.3　非同期式順序回路の設計例―アービタ回路―

アービタ（arbiter）回路を例に，非同期式順序回路の設計を行う。アービタ（調停）回路は，一つの回路を複数の回路が共有する場合，それぞれからの要求を調停して使用権を割り当てる働きをする。ここでは簡単なアービタ回路の例として，二つの回路からの要求を調停する回路を設計する。

図 12.15 にアービタ回路の使用例を示す。このブロック図において回路 A と回路 B が回路 C を共用し，アービタ回路がそれらの使用権を調停する。アービタ回路は回路 A と回路 B からの要求信号 D_a, D_b を受け取り，先に要求を出した回路に対して使用権を与え，その使用権を Z_a と Z_b に出力する。

表 12.11 に信号役割表を示す。

ブロック図と信号役割表より**図 12.16** の遷移図と**表 12.12** の遷移表を作成する。遷移図において，リセット状態，使用（待ち）状態が明らかになっている。

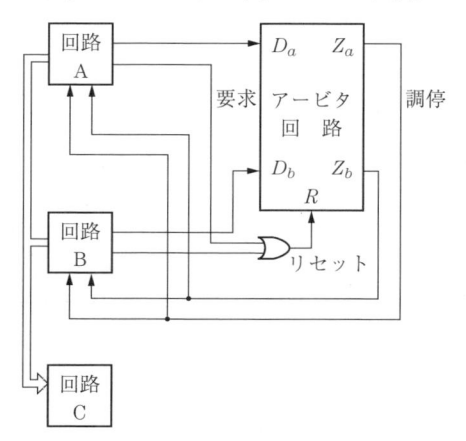

図 12.15　アービタ回路の使用例

表 12.12 の遷移表は，A と B, C と D, E と F を併合することができる。それぞれを α, β, γ に併合して**表 12.13** に示す。

12. 設計の具体例

表 12.11 信号役割表

信号名	働き	0	1
D_a	回路 A からの要求（非同期）	要求なし	要求あり
D_b	回路 B からの要求（非同期）	要求なし	要求あり
R	回路 C の使用が終了した時点でリセットを行う	リセットしない	リセットする
Z_a	調停信号	$Z_a = Z_b = 0$ のときは使用可能状態	回路 A に使用権を与える
Z_b			回路 B に使用権を与える

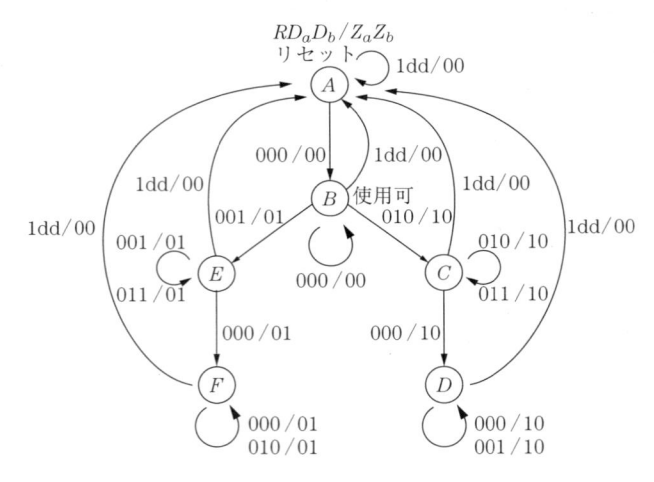

図 12.16 遷 移 図

表 12.12 遷 移 表

現在の状態	($R=0$) $D_a D_b$								($R=1$) $D_a D_b$							
	00	01	11	10	00	01	11	10	00	01	11	10	00	01	11	10
A	B	d	d	d	00	d	d	d	Ⓐ	Ⓐ	Ⓐ	Ⓐ	00	00	00	00
B	Ⓑ	E	d	C	00	01	d	10	A	A	A	A	00	00	00	00
C	D	d	Ⓒ	Ⓒ	10	d	10	10	A	A	A	A	00	00	00	00
D	Ⓓ	Ⓓ	d	d	10	10	d	d	A	A	A	A	00	00	00	00
E	F	Ⓔ	Ⓔ	d	01	01	01	d	A	A	A	A	00	00	00	00
F	Ⓕ	d	d	Ⓕ	01	d	d	01	A	A	A	A	00	00	00	00
	つぎの状態				つぎの出力 $Z_a Z_b$				つぎの状態				つぎの出力 $Z_a Z_b$			

12.3 非同期式順序回路の設計例―アービタ回路―

表 12.13 併合後の遷移表

現在の状態		(R=0) $D_a D_b$								(R=1) $D_a D_b$							
		00	01	11	10	00	01	11	10	00	01	11	10	00	01	11	10
(AB)	α	ⓐ	γ	d	β	00	01	d	10	ⓐ	ⓐ	ⓐ	ⓐ	00	00	00	00
(CD)	β	ⓑ	ⓑ	ⓑ	ⓑ	10	10	10	10	α	α	α	α	00	00	00	00
(EF)	γ	ⓖ	ⓖ	ⓖ	ⓖ	01	01	01	01	α	α	α	α	00	00	00	00
		つぎの状態				つぎの出力 $Z_a Z_b$				つぎの状態				つぎの出力 $Z_a Z_b$			

併合後の遷移表より，励起表と出力表を作成する（**表 12.14**）．この場合，状態変数を $\alpha=00$，$\beta=10$，$\gamma=01$ に割り当てることにより，つぎの状態変数とつぎの出力を同じにすることができる．ここでは，ラッチを使わない設計方法を用いる．

表 12.14 励起表と出力表

現在の状態	q_0	q_1	(R=0) $D_a D_b$								(R=1) $D_a D_b$							
			00	01	11	10	00	01	11	10	00	01	11	10	00	01	11	10
(α)	0	0	00	01	d	10	00	01	d	10	00	00	00	00	00	00	00	00
(β)	1	0	10	10	10	10	10	10	10	10	00	00	00	00	00	00	00	00
(γ)	0	1	01	01	01	01	01	01	01	01	00	00	00	00	00	00	00	00
			つぎの状態変数 $Q_0 Q_1$				つぎの出力 $Z_a Z_b$				つぎの状態変数 $Q_0 Q_1$				つぎの出力 $Z_a Z_b$			

カルノー図を使用して，励起表より励起関数を求める（**図 12.17**）．

出力関数…$Z_a = Q_0$, $\quad Z_b = Q_1$

励起関数…$Q_0 = \overline{R} \cdot (q_0 + \overline{q_1} \cdot D_a)$

$\qquad\qquad Q_1 = \overline{R} \cdot (q_1 + \overline{q_0} \cdot D_b)$

求めた励起関数と出力関数より論理回路を作成する（**図 12.18**）．

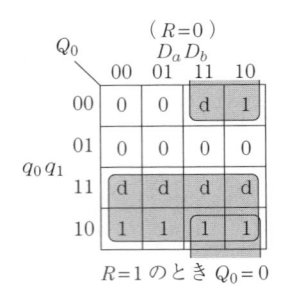

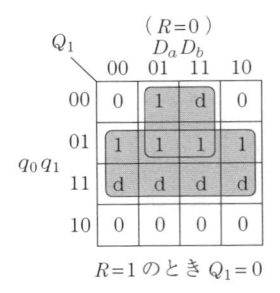

	($R=0$) D_aD_b			
Q_0	00	01	11	10
q_0q_1 00	0	0	d	1
01	0	0	0	0
11	d	d	d	d
10	1	1	1	1

$R=1$ のとき $Q_0=0$

	($R=0$) D_aD_b			
Q_1	00	01	11	10
q_0q_1 00	0	1	d	0
01	1	1	1	1
11	d	d	d	d
10	0	0	0	0

$R=1$ のとき $Q_1=0$

図 12.17 カルノー図（励起関数を求める）

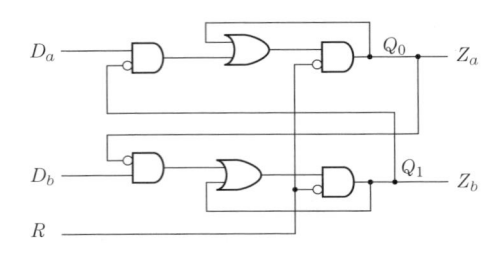

図 12.18 論理回路（2入力アービタ回路）

演 習 問 題

<u>1</u> つぎの仕様に示すカウンタを同期式で設計せよ（**図 12.19**）。
- カウント動作：000 → 001 → 010 → 011 → 100 → 101 → 110 → 111 → 000 を繰り返す。
- リセット動作：入力 S が 0 のときはリセット動作（すべての出力を 0），1 のときはカウント動作

<u>2</u> つぎの仕様に示す乗算器を設計せよ（**図 12.20**）。
- 2 ビットの絶対値表記の 2 進数 A (a_1a_0) と B (b_1b_0) の乗算を行う。
- 乗算結果を 4 ビット Y ($y_3y_2y_1y_0$) に出力する。

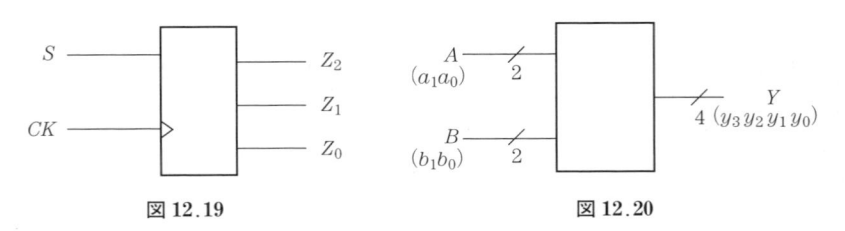

図 12.19

図 12.20

3. つぎの仕様に示すカウンタを非同期式（RSラッチ使用）で設計せよ（図12.21）。
   - カウント動作：$000 \to 001 \to 010 \to 011 \to 100 \to 101 \to 000$ を繰り返す。

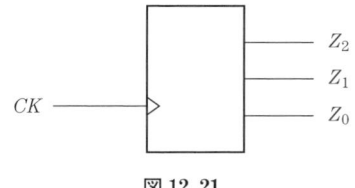

図 12.21

コーヒーブレイク

「知的コーヒーミル」

コーヒーブレイクの締めくくりとして，ひとつコーヒーに関する話をしてみたいと思います。本格コーヒーとの出会いは，子供のころに学習塾の先生に連れて行ってもらった喫茶店でした。たしか，五目並べで勝ったご褒美だったと思います。そこで飲んだのは，「マンデリン」という銘柄で，先生もマンデリンを飲んで，間髪を入れずにハイライトをぷかぷか吹かしていました。演劇の台本作家と塾長を兼ねていて，子供にも真剣に大人の会話や議論をしてくれる人でした。いまでも尊敬し，目標にしている先生です。

さて，それをきっかけに病みつきになった訳ですが，コーヒーを沸かすには，鍋で煮出す，サイフォン，ドリップ，コーヒーメーカなどの方法があります。いろいろと試してみたのですが，私の場合はドリップによる手法が一番マッチングしているようです。容器の保温や良水の使用などの基本的な条件は当然として，ドリップに注ぐお湯の状態が決め手になります。温度，時間，湯量，落下距離の各パラメータを理想的に制御する必要があるのです。さらに，豆の状態や作業環境の違いに対する調整も必要です。豆の状態ですが，とにかく炒りたての良質な豆を買うのが基本です。もちろん，輸入した生豆を自分で炒ってみるのも良いでしょう。しかし，せっかく良い炒り豆を使っても，それを摺る際に気をつけねばなりません。普及している電動コーヒーミルの場合，高速回転の歯で豆を砕く際の熱によって，包み込むような優しい香りが削がれる可能性があります。業務用の大型のミルも使ってみたのですが，動作中の力加減ができない不便さがあります。そこで，最近「知的コーヒーミル」なるものの開発に着手しました。それは，手動のコーヒーミルにマイコンとフラッシュメモリを組み込み，パソコンと通信できるものです。実用化にはまだまだ課題は多いのですが，ライバルは私です。

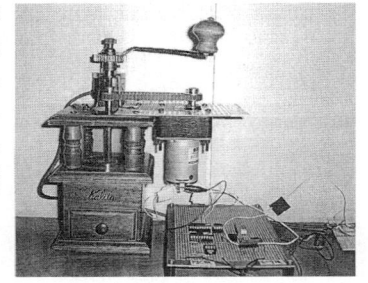

引用・参考文献

[1] S. Muroga：論理設計とスイッチング理論―LSI，VLSI の設計基礎―，共立出版（1981）
[2] S. Muroga：VLSI システム設計，啓学出版（1984）
[3] C. Mead and L. Conway：超 LSI システム入門，培風館（1981）
[4] 田丸啓吉：論理回路の基礎，工学図書（1989）
[5] 柴山　潔：コンピュータサイエンスで学ぶ論理回路とその設計，近代科学社（1999）
[6] 浅井秀樹：ディジタル回路演習ノート，コロナ社（2001）
[7] 浅川　毅：基礎コンピュータシステム，東京電機大学出版局（2004）
[8] 笹尾　勤：論理設計―スイッチング回路理論―，近代科学社（2005）

演習問題解答

1章

1. （1） 174　（2） 214　（3） 255　（4） 153
2. （1） 1010111　（2） 1101111　（3） 10101010　（4） 100101100
3. （1） -83　（2） 93　（3） -52　（4） -86
4. （1） 1011111010　（2） 1100000101　（3） 1100000110
   （4） 0100000110
5. （1） 1　（2） 0
6. （例）　$X = D + \overline{E}$
7. （1） $0 \leq Y \leq 255$　（2） 14

2章

1. （1）　$X + \overline{X} \cdot Y$
    $\quad = X \cdot 1 + \overline{X} \cdot Y$　　　　　　　　単位元
    $\quad = X \cdot (Y + \overline{Y}) + \overline{X} \cdot Y$　　　　補元律
    $\quad = X \cdot Y + X \cdot \overline{Y} + \overline{X} \cdot Y$　　　分配律
    $\quad = X \cdot Y + X \cdot \overline{Y} + X \cdot Y + \overline{X} \cdot Y$　べき等律
    $\quad = X \cdot (Y + \overline{Y}) + Y \cdot (X + \overline{X})$　　分配律
    $\quad = X \cdot 1 + Y \cdot 1$　　　　　　　　補元律
    $\quad = X + Y$　　　　　　　　　　　単位元

   （2）　$\overline{X + Y \cdot \overline{Z}}$
    $\quad = \overline{X} \cdot \overline{Y \cdot \overline{Z}}$　　　　　　　　ド・モルガンの法則
    $\quad = \overline{X} \cdot (\overline{Y} + Z)$　　　　　　ド・モルガンの法則
    $\quad = \overline{X} \cdot \overline{Y} + \overline{X} \cdot Z$　　　　　　分配律

   （3）　$(X + Y) \cdot (\overline{X \cdot Y} + Z) + X \cdot \overline{Z} + Y$
    $\quad = (X + Y) \cdot (\overline{X} + \overline{Y} + Z) + X \cdot \overline{Z} + Y$　ド・モルガンの法則
    $\quad = X \cdot \overline{X} + X \cdot \overline{Y} + X \cdot Z + Y \cdot \overline{X}$
    $\quad \quad + Y \cdot \overline{Y} + Y \cdot Z + X \cdot \overline{Z} + Y$　　分配律
    $\quad = X \cdot \overline{Y} + X \cdot Z + Y \cdot \overline{X} + Y \cdot Z + X \cdot \overline{Z} + Y$　補元律
    $\quad = X \cdot (\overline{Y} + Z + \overline{Z}) + Y \cdot (\overline{X} + Z + 1)$　分配律

154　演習問題解答

$$= X \cdot (\overline{Y}+1) + Y \cdot (\overline{X}+Z+1) \qquad 補元律$$
$$= X + Y \qquad 単位元$$

2　**解表 2.1** 参照
3　**解図 2.1**，**解図 2.2** 参照

解表 2.1

A	B	C	Y
0	0	0	1
0	0	1	1
0	1	0	1
0	1	1	1
1	0	0	1
1	0	1	1
1	1	0	1
1	1	1	0

解図 2.1

解図 2.2

3 章

1　図 3.11 は 12 段（全加算器 1 個は 3 段），図 3.13 は 3 段
2　省略
3　（1）**解図 3.1** 参照　　（2）**解図 3.2** 参照

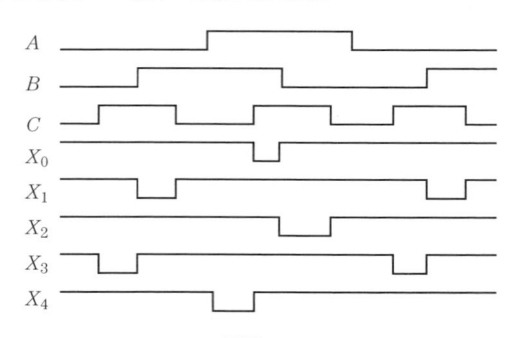

解図 3.1

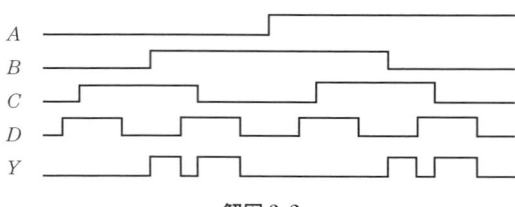

解図 3.2

4　省略

4章

1. Min 5
2. Max 10
3. 論理和標準形 $Y = \text{Min } 0 + \text{Min } 1 + \text{Min } 4 + \text{Min } 5$
   論理積標準形 $Y = \text{Max } 2 \cdot \text{Max } 3 \cdot \text{Max } 6 \cdot \text{Max } 7$
4. $Y = \text{Max } 0 \cdot \text{Max } 1 \cdot \text{Max } 2 \cdot \text{Max } 4 \cdot \text{Max } 6 \cdot \text{Max } 8 \cdot \text{Max } 10 \cdot \text{Max } 11$
   $\cdot \text{Max } 13 \cdot \text{Max } 14$
5. 解図 4.1 参照

(1)

Y \ AB	00	01	11	10
CD 00	1	0	0	1
01	1	0	0	1
11	1	0	1	1
10	1	0	1	1

(2)

Y \ AB	00	01	11	10
CD 00	0	0	1	0
01	0	0	1	0
11	0	0	1	0
10	0	0	1	0

解図 4.1

6 7 省略

5章

1. (1) $Y = \overline{A} \cdot B + A \cdot C$
   (2) $Y = \overline{A} \cdot D + B \cdot C \cdot D + A \cdot \overline{B} \cdot \overline{C}$
   解図 5.1 参照
2. (1) $Y = A$ (2) $Y = D$，解図 5.2 参照
3. $Y = \overline{B} \cdot \overline{C}$，解図 5.3 参照

(1)

Y \ AB	00	01	11	10
C 0	0	1	0	0
1	0	1	1	1

(2)

Y \ AB	00	01	11	10
CD 00	0	0	0	1
01	1	1	0	1
11	1	1	0	0
10	0	0	0	0

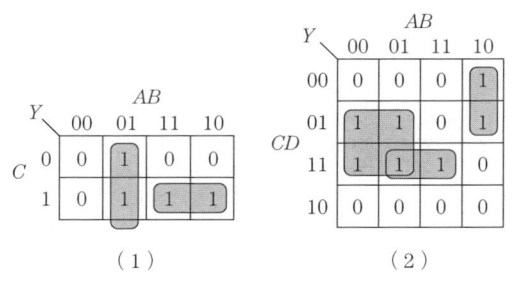

解図 5.1

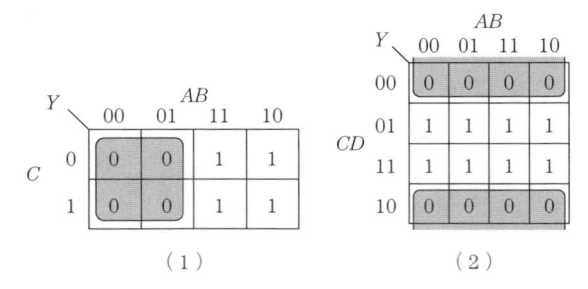

解図 5.2

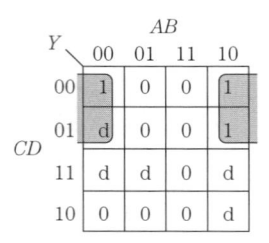

(1) カルノー図: Y, AB 列 00, 01 で $C=0,1$ の行が 0

(2) カルノー図: AB 行、CD 列での値

解図 5.3

CD \ AB	00	01	11	10
00	1	0	0	1
01	d	0	0	1
11	d	d	0	d
10	0	0	0	d

4 図 5.13 の論理回路を論理式で表すと
$$\overline{Y} = \overline{A} \cdot \overline{B} \cdot C \cdot D + \overline{A} \cdot B \cdot C + A \cdot B \cdot C + \overline{A} \cdot \overline{D}$$
つぎにカルノー図を用いて簡単化を行う。
$$Y = A \cdot \overline{B} + A \cdot \overline{C} + \overline{C} \cdot D$$
ブール代数の定理を用いて
$$Y = A \cdot (\overline{B} + \overline{C}) + \overline{C} \cdot D = A \cdot \overline{B \cdot C} + \overline{C} \cdot D$$
したがって，簡単化前は 12 ゲート 4 段，簡単後は 5 ゲート 3 段となる（**解図 5.4**）。

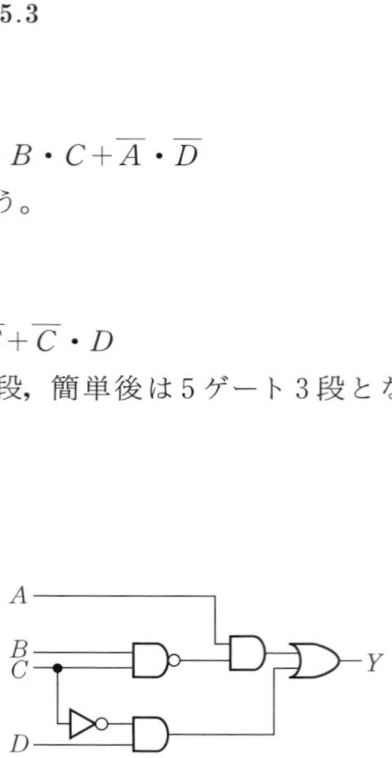

解図 5.4

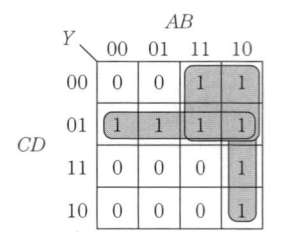

6章

1

(1) $Y = \overline{A} \cdot \overline{B} \cdot \overline{C} \cdot D + \overline{A} \cdot \overline{B} \cdot C \cdot \overline{D} + \overline{A} \cdot \overline{B} \cdot C \cdot D + \overline{A} \cdot B \cdot \overline{C} \cdot \overline{D}$
$+ \overline{A} \cdot B \cdot C \cdot \overline{D} + \overline{A} \cdot B \cdot C \cdot D + A \cdot \overline{B} \cdot C \cdot D + A \cdot B \cdot \overline{C} \cdot \overline{D}$
$= \text{Min } 1 + \text{Min } 2 + \text{Min } 3 + \text{Min } 4 + \text{Min } 6 + \text{Min } 7 + \text{Min } 11 + \text{Min } 12$

であり,クワイン部を用いて主項を求める(**解表 6.1**)。

主項:$\overline{A} \cdot \overline{B} \cdot D,\ \overline{A} \cdot B \cdot \overline{D},\ B \cdot \overline{C} \cdot \overline{D},\ \overline{A} \cdot C,\ \overline{B} \cdot C \cdot D$

解表 6.1

1 の個数	1	2	3
	0001(1) 0010(2) 0100(4)	0011(3) 0110(6) 1100(12)	0111(7) 1011(11)
項 (i)	00d1(1, 3) 001d(2, 3) 0d10(2, 6) 01d0(4, 6) d100(4, 12)	0d11(3, 7) d011(3, 11) 011d(6, 7)	
	0d1d(2, 3, 6, 7)	:主項	

(2) マクラスキー部を用いて最小論理和形を求める(**解表 6.2**)。

$Y = 00\text{d}1 + \text{d}100 + 0\text{d}1\text{d} + \text{d}011$
$= \overline{A} \cdot \overline{B} \cdot D + B \cdot \overline{C} \cdot \overline{D} + \overline{A} \cdot C + \overline{B} \cdot C \cdot D$

解表 6.2

主項 (i) \ 最小項 i	1	2	3	4	6	7	11	12
00d1(1, 3)	⊘		⊘					
01d0(4, 6)				✓	✓			
d100(4, 12)				⊘				⊘
0d1d(2, 3, 6, 7)		⊘	⊘		⊘	⊘		
d011(3, 11)			⊘				⊘	

2

(1) $Y = (A+B+C+D) \cdot (A+B+C+\overline{D}) \cdot (A+\overline{B}+C+D)$
$\cdot (A+\overline{B}+C+\overline{D}) \cdot (A+\overline{B}+\overline{C}+D) \cdot (A+\overline{B}+\overline{C}+\overline{D})$
$\cdot (\overline{A}+\overline{B}+\overline{C}+D) \cdot (\overline{A}+\overline{B}+C+\overline{D})$

$= \text{Max } 0 \cdot \text{Max } 1 \cdot \text{Max } 4 \cdot \text{Max } 5 \cdot \text{Max } 6 \cdot \text{Max } 7 \cdot \text{Max } 14 \cdot \text{Max } 15$

であり,クワイン部を用いて主項を求める(**解表 6.3**)。

主項:$A+C$, $A+\overline{B}$, $\overline{B}+\overline{C}$

解表 6.3

1 の個数	0	1	2	3	4
項 (i)	0000(0) 0100(4)	0001(1) 0110(6)	0101(5) 0110(6)	0111(7) 1110(14)	1111(15)
	000d(0, 1) 0d00(0, 4)	0d01(1, 5) 010d(4, 5) 01d0(4, 6)	01d1(5, 7) 011d(6, 7) d110(6, 14)	d111(7, 15) 111d(14, 15)	
	0d0d(0, 1, 4, 5)	01dd(4, 5, 6, 7)	d11d(6, 7, 14, 15)	▨: 主項	

(2) マクラスキー部を用いて最小論理積形を求める(**解表 6.4**)。

$Y = 0\text{d}0\text{d} \cdot \text{d}11\text{d} = (A+C) \cdot (\overline{B}+\overline{C})$

解表 6.4

主項 (i) \ 最大項 i	0	1	4	5	6	7	14	15
0d0d(0, 1, 4, 5)	⊘	⊘	⊘	⊘				
01dd(4, 5, 6, 7)			✓	✓	✓	✓		
d11d(6, 7, 14, 15)					⊘	⊘	⊘	⊘

3 まずドント・ケアを1として Min i の形で論理和標準形を求める。

$Y = \text{Min } 2 + \text{Min } 3 + \text{Min } 4 + \text{Min } 5 + \text{Min } 6 + \text{Min } 8 + \text{Min } 11 + \text{Min } 12 + \text{Min } 13 + \text{Min } 15$

解表 6.5

1 の個数	1	2	3	4
項 (i)	0010(2) 0100(4) 1000(8)	0011(3) 0101(5) 0110(6) 1100(12)	1011(11) 1101(13)	1111(15)
	001d(2, 3) 0d10(2, 6) 010d(4, 5) 01d0(4, 6) d100(4, 12) 1d00(8, 12)	d011(3, 11) d101(5, 13) 110d(12, 13)	1d11(11, 15) 11d1(13, 15)	
	d10d(4, 5, 12, 13)			▨: 主項

つぎにクワイン部で主項を求め（**解表 6.5**），マクラスキー部で論理和標準形を求める（**解表 6.6**）。

$Y = 001\mathrm{d} + 1\mathrm{d}00 + \mathrm{d}10\mathrm{d} = \overline{A} \cdot \overline{B} \cdot C + A \cdot \overline{C} \cdot \overline{D} + B \cdot \overline{C}$

または

$Y = 0\mathrm{d}10 + 1\mathrm{d}00 + \mathrm{d}10\mathrm{d} = \overline{A} \cdot C \cdot \overline{D} + A \cdot \overline{C} \cdot \overline{D} + B \cdot \overline{C}$

解表 6.6

主項 (i) \ 最小項 i	2	4	8	13
001d (2, 3)	△			
0d10 (2, 6)	☑			
01d0 (4, 6)		✓		
1d00 (8, 12)			⊙	
d10d (4, 5, 12, 13)		⊙		⊙
d011 (3, 11)				
1d11 (11, 15)				
11d1 (13, 15)				✓

7章

[1] 解図 7.1 参照

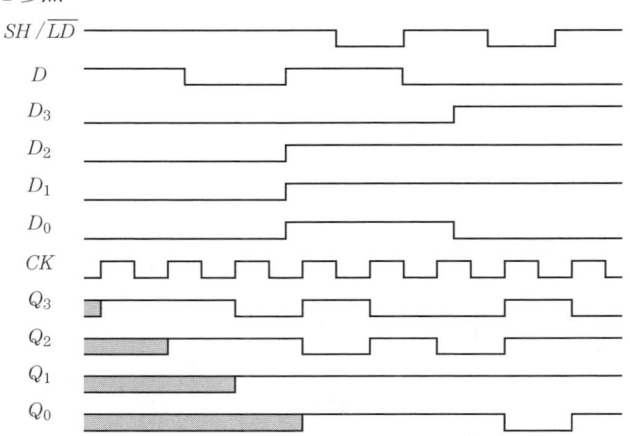

解図 7.1

2 **解表 7.1** 参照

解表 7.1

n	D_3	D_2	D_1	D_0	n	D_3	D_2	D_1	D_0
0	0	0	0	1	8	1	0	1	1
1	1	0	0	1	9	1	1	0	0
2	1	1	0	1	10	0	1	1	0
3	1	1	1	1	11	0	0	1	1
4	1	1	1	0	12	1	0	0	0
5	0	1	1	1	13	0	1	0	0
6	1	0	1	0	14	0	0	1	0
7	0	1	0	1	15	0	0	0	1

3 **解図 7.2** 参照

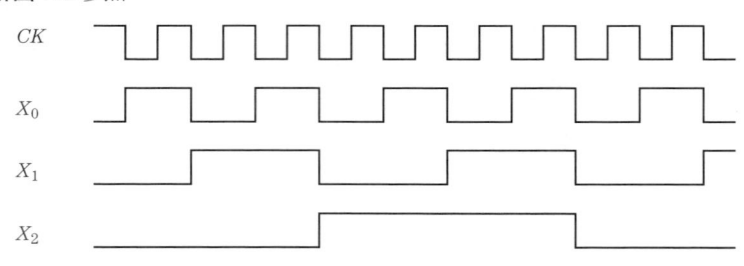

解図 7.2

4 省略

8 章

1 省略

2 最小論理和形での設計例を**解図 8.1** に示す。

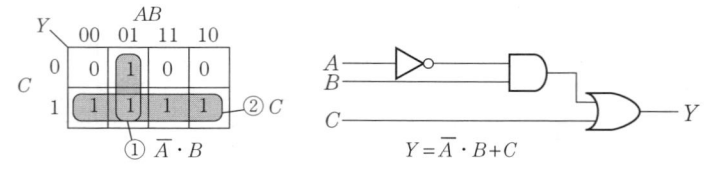

解図 8.1

$$Y = \overline{A} \cdot B + C$$

3 （解答例）3 桁の 2 進数を $A = a_2 a_1 a_0$, $B = b_2 b_1 b_0$, 比較結果を示す出力を $R = r_1 r_0$ とする。$A > B$ の場合は $r_1 r_0 = 10$, $A < B$ の場合は $r_1 r_0 = 01$, $A = B$ の場合は $r_1 r_0 = 00$ とする。これらの仕様より真理値表を作成する（**解表 8.1～8.3**）。

解表 8.1

a_2	a_1	a_0	b_2	b_1	b_0	r_1	r_0	
0	0	1	0	0	0			
0	1	0	0	0	d			
0	1	1	0 0 0 1	0 1 1 0	d 0			
1	0	0	0	d	d			
1	0	1	0 1	d 0	d 0	1	0	$A>B$
1	1	0	0 1	d 0	d d			
1	1	1	0 1 1	d 0 1	d d 0			

解表 8.2

a_2	a_1	a_0	b_2	b_1	b_0	r_1	r_0	
0	0	0	0	0	1			
0	0	d	0	1	0			
0 0 0 1	0 0 1 0	d 0	0	1	1			
0	d	d	1	0	0			
0 1	d 0	d 0	1	0	1	0	1	$A<B$
0 1	d 0	d d	1	1	0			
0 1 1	d 0 1	d d 0	1	1	1			

解表 8.3

a_2	a_1	a_0	b_2	b_1	b_0	r_1	r_0	
0	0	0	0	0	0			
0	0	1	0	0	1			
0	1	0	0	1	0			
0	1	1	0	1	1	0	0	$A=B$
1	0	0	1	0	0			
1	0	1	1	0	1			
1	1	0	1	1	0			
1	1	1	1	1	1			

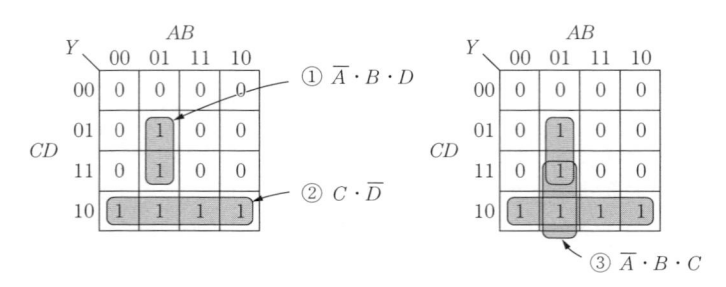

4 論理回路はカルノー図のループ①，②で構成されている。ここで，ループ①とループ②は交わっていないので，D の単一入力変化においてハザードが発生する。そこで，ループ①とループ②を結ぶ冗長ループ③を追加してハザードを解消する（**解図** 8.2, 8.3）。

① $\overline{A} \cdot B \cdot D$
② $C \cdot \overline{D}$
③ $\overline{A} \cdot B \cdot C$

解図 8.2

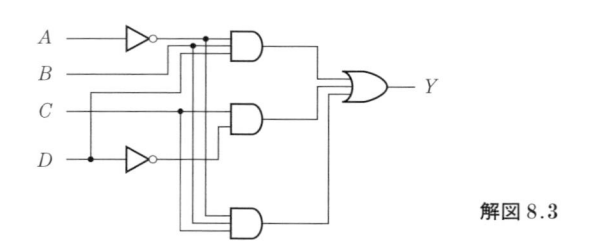

解図 8.3

9 章

1 省略

2 ドント・ケアを併合に都合の良い状態に割り付ける。現在の状態 A と C を併合し，新たな状態 α とする。また，現在の状態 B と D を併合して新たな状態 β とする（**解表** 9.1）。

解表 9.1

現在の状態	入力 AB				
	00	01	11	10	
α	β	α	α	α	A, C
β	β	α	β	α	B, D

演 習 問 題 解 答　　163

3 以下に示す(1)〜(5)の手順で設計を行う．本題は，D-FF を使用して RS-FF を作成するものである．
（1）状態変数を割り付ける．$\alpha=1,\ \beta=0$
（2）励起表と出力表を作成する（**解表 9.2**）．
（3）D-FF の遷移表を使用して駆動表を作成する（**解表 9.3**）．

解表 9.2

現在の状態変数 q	入力 SR							
	00	01	11	10	00	01	11	10
1	1	0	d	1	1	0	d	1
0	0	0	d	1	0	0	d	1
	つぎの状態変数 Q				つぎの出力 Z			

＊　出力関数 $Z=Q$ であることがわかる．

解表 9.3

現在の状態変数 q	入力 SR			
	00	01	11	10
1	1	0	d	1
0	0	0	d	1

（4）カルノー図を用いて駆動関数を求める（**解図 9.1**）．
（5）求めた駆動関数と出力関数より論理回路図を作成する（**解図 9.2**）．

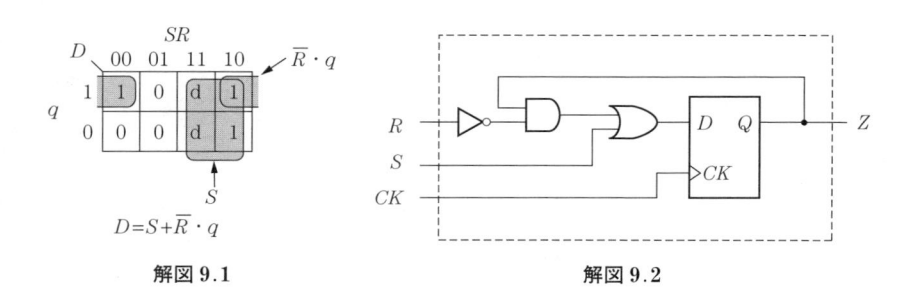

$D=S+\overline{R}\cdot q$

解図 9.1　　　　　　　　　　　解図 9.2

164   演 習 問 題 解 答

4 解図 9.3 参照

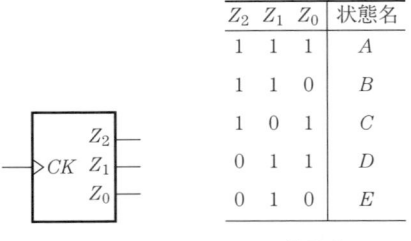

Z_2	Z_1	Z_0	状態名
1	1	1	A
1	1	0	B
1	0	1	C
0	1	1	D
0	1	0	E

機能表

現在の状態	つぎの状態	つぎの出力 $Z_2\ Z_1\ Z_0$
A	B	1 1 0
B	C	1 0 1
C	D	0 1 1
D	E	0 1 0
E	A	1 1 1

遷移表

全体ブロック図: 入力 CK、出力 Z_2, Z_1, Z_0

現在の状態変数 $q_2\ q_1\ q_0$	つぎの状態変数 $Q_2\ Q_1\ Q_0$	つぎの出力 $Z_2\ Z_1\ Z_0$
1 1 1 (A)	1 1 0	1 1 0
1 1 0 (B)	1 0 1	1 0 1
1 0 1 (C)	0 1 1	0 1 1
0 1 1 (D)	0 1 0	0 1 0
0 1 0 (E)	1 1 1	1 1 1

励起表, 出力表
出力関数 $Z_2 = Q_2,\ Z_1 = Q_1,\ Z_0 = Q_0$

現在の状態変数 $q_2\ q_1\ q_0$	FFの入力 $D_2\ D_1\ D_0$
1 1 1	1 1 0
1 1 0	1 0 1
1 0 1	0 1 1
0 1 1	0 1 0
0 1 0	1 1 1

駆動表

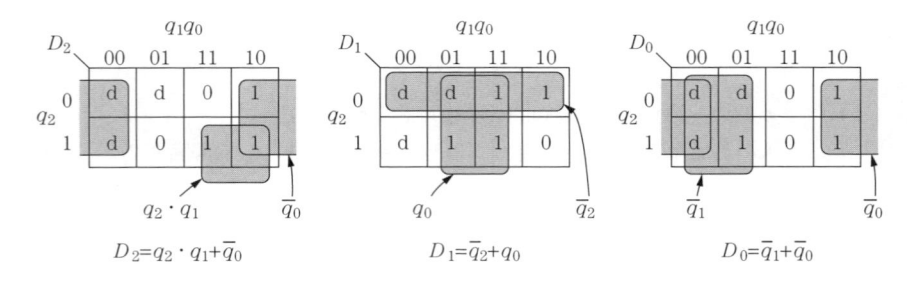

$D_2 = q_2 \cdot q_1 + \overline{q_0}$

$D_1 = \overline{q_2} + q_0$

$D_0 = \overline{q_1} + \overline{q_0}$

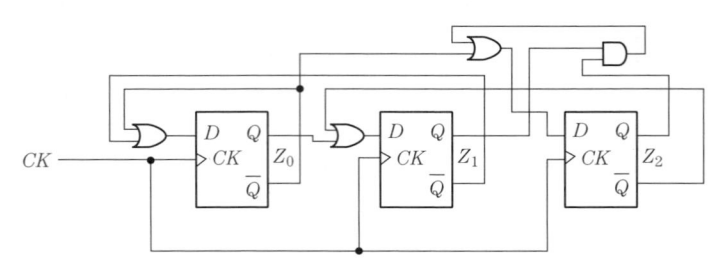

解図 9.3

10章

1 および 2 は省略

3 遷移表（例題 10.1 参照），励起表，出力表を作成し，励起関数と出力関数を求め，論理回路を作成する（**解図 10.1**）。

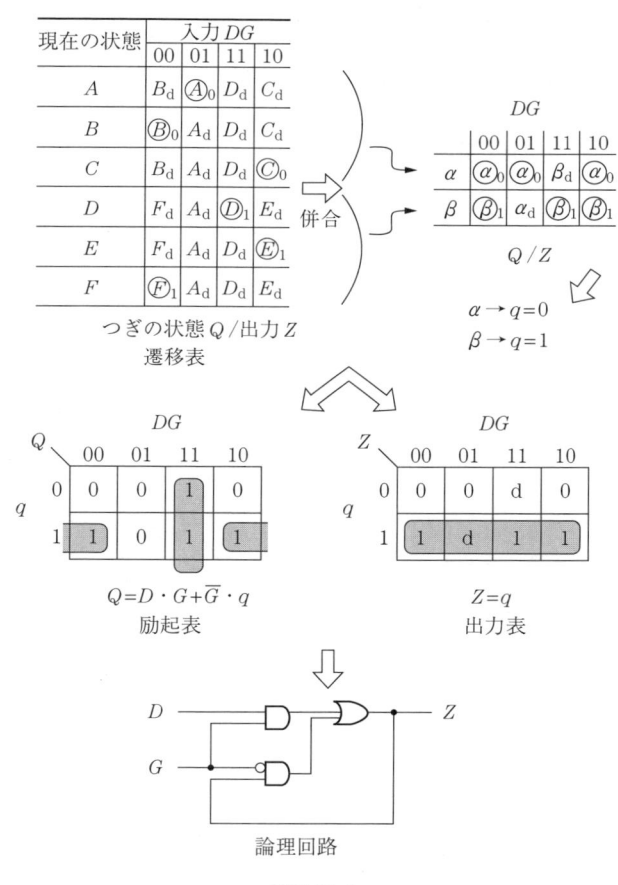

遷移表

現在の状態	入力 DG			
	00	01	11	10
A	B_d	$Ⓐ_0$	D_d	C_d
B	$Ⓑ_0$	A_d	D_d	C_d
C	B_d	A_d	D_d	$Ⓒ_0$
D	F_d	A_d	$Ⓓ_1$	E_d
E	F_d	A_d	D_d	$Ⓔ_1$
F	$Ⓕ_1$	A_d	D_d	E_d

つぎの状態 Q／出力 Z

併合 →

	DG			
	00	01	11	10
α	$Ⓐ_0$	$Ⓐ_0$	β_d	$Ⓐ_0$
β	$Ⓑ_1$	α_d	$Ⓑ_1$	$Ⓑ_1$

Q/Z

$\alpha \to q=0$
$\beta \to q=1$

励起表

Q, DG
q \ DG	00	01	11	10
0	0	0	1	0
1	1	0	1	1

$Q = D \cdot G + \overline{G} \cdot q$

出力表

Z, DG
q \ DG	00	01	11	10
0	0	0	d	0
1	1	d	1	1

$Z = q$

論理回路

解図 10.1

4 図 10.13 に示した T-FF の設計手順を参考にして，ブロック図，機能表，遷移表（例題 10.2 参照），励起関数，出力関数を求め，論理回路を作成する（解は省略）。

11章

1. 省略
2. つぎの手順で解析を行う。
   - （1） フィードバックループを外す（**解図 11.1**）
   - （2） 真理値表の作成（**解表 11.1**）
   - （3） 励起表の作成（**解表 11.2**）
   - （4） 遷移表の作成（**解表 11.3**）
   - （5） 遷移図の作成（**解図 11.2**）
   - （6） 機能表の作成（**解表 11.4**）

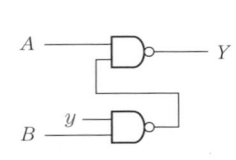

解表 11.1

A	B	y	Y
0	0	0	1
0	0	1	1
0	1	0	1
0	1	1	1
1	0	0	0
1	0	1	0
1	1	0	0
1	1	1	1

解図 11.1

解表 11.2

y	00	01	11	10
0	1	1	0	0
1	1	1	1	0

Y

解表 11.3

	00	01	11	10
α	β_1	β_1	α_0	α_0
β	β_1	β_1	β_1	α_0

y/Y

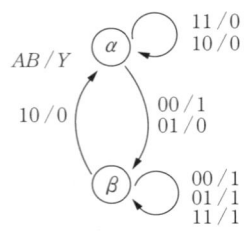

解図 11.2

解表 11.4

A	B	Y	動作
0	0	1	セット
0	1	1	セット
1	0	0	リセット
1	1	Y_0	保持

これらの解析結果より、この回路は A をセット、B をリセットとする RS ラッチであることがわかる（ただし、A と B は否定で入力する）。

3. 以下の解析結果より出力 00 でトラップする回路であることがわかる（**解図 11.3**）。

演習問題解答 *167*

励起表,出力表

状態	$q_1\ q_0$	$Z_1\ Z_0$ $(Q_1\ Q_0)$
A	0 0	0 0
B	0 1	1 0
C	1 0	1 1
D	1 1	0 1

$Z_0 = q_1,\ Z_1 = q_0 \oplus q_1$ より

遷移表

現在の状態	つぎの状態	出力 $Z_1\ Z_0$
A	A	0 0
B	C	1 0
C	D	1 1
D	B	0 1

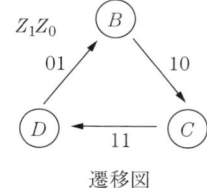

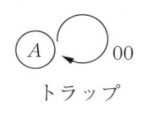

遷移図

Z_1Z_0: $B \xrightarrow{10} C \xrightarrow{11} D \xrightarrow{01} B$

$A \circlearrowleft 00$ トラップ

解図 11.3

[4] 遷移表からハザードを発生する箇所を特定し,該当箇所の遷移出力を変更する。つぎに,フィードバック入力を y,フィードバック出力を Y として励起表と出力表を作成し,励起関数と出力関数を求める(**解図 11.4**)。

ハザードの検出

	AB 00	01	11	10
α	ⓐ$_0$	β_1	ⓐ$_1$	*β_0
β	ⓑ$_1$	ⓑ$_1$	α_1	ⓑ$_1$

*変更箇所

ハザード対策

	AB 00	01	11	10
α	ⓐ$_0$	β_1	ⓐ$_1$	β_1
β	ⓑ$_1$	ⓑ$_1$	α_1	ⓑ$_1$

励起表と出力表

		AB 00	01	11	10	00	01	11	10	
y	0	0	1	0	1	0	1	1	1	$Z = Y$
	1	1	1	0	1	1	1	1	1	
				Y				Z		

解図 11.4

[5] 省略

12章

1 つぎの手順で設計を行う。
 (1) 状態の割付け（**解表12.1**）
 (2) 遷移図の作成（**解図12.1**）
 (3) 遷移表の作成（**解表12.2**）
 (4) 出力関数, 駆動関数を求める（**解図12.2**）
 (5) 論理回路の作成（**解図12.3**）

解表12.1

状態	状態名 q_2 q_1 q_0	出力 (状態変数)
A	0 0 0	0 0 0
B	0 0 1	0 0 1
C	0 1 0	0 1 0
D	0 1 1	0 1 1
E	1 0 0	1 0 0
F	1 0 1	1 0 1
G	1 1 0	1 1 0
H	1 1 1	1 1 1

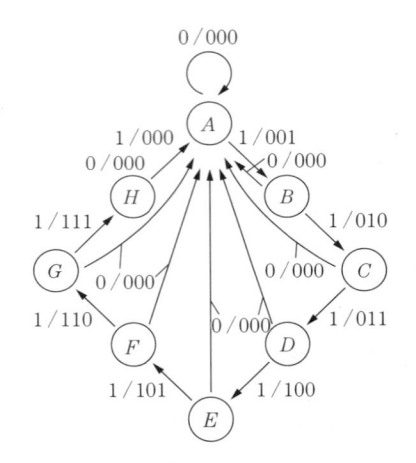

解図12.1

解表12.2

(a)

現在の状態	つぎの状態 入力 S	
	1	0
A	B	A
B	C	A
C	D	A
D	E	A
E	F	A
F	G	A
G	H	A
H	A	A

(b)

q_2	q_1	q_0	入力 S	
			1	0
0	0	0	0 0 1	0 0 0
0	0	1	0 1 0	0 0 0
0	1	0	0 1 1	0 0 0
0	1	1	1 0 0	0 0 0
1	0	0	1 0 1	0 0 0
1	0	1	1 1 0	0 0 0
1	1	0	1 1 1	0 0 0
1	1	1	0 0 0	0 0 0
			$D_2 D_1 D_0$	$Z_2 Z_1 Z_0$

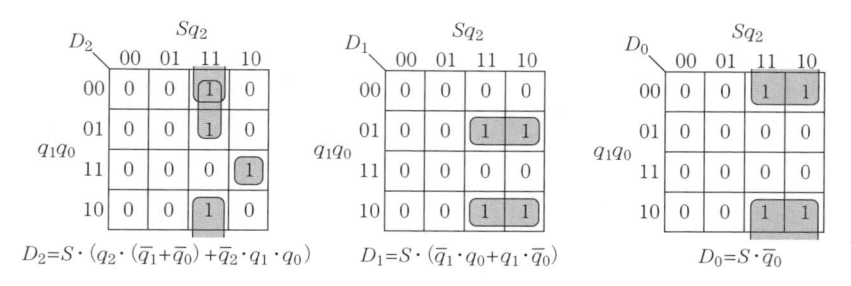

$D_2 = S \cdot (q_2 \cdot (\overline{q_1} + \overline{q_0}) + \overline{q_2} \cdot q_1 \cdot q_0)$ $D_1 = S \cdot (\overline{q_1} \cdot q_0 + q_1 \cdot \overline{q_0})$ $D_0 = S \cdot \overline{q_0}$

解図 12.2

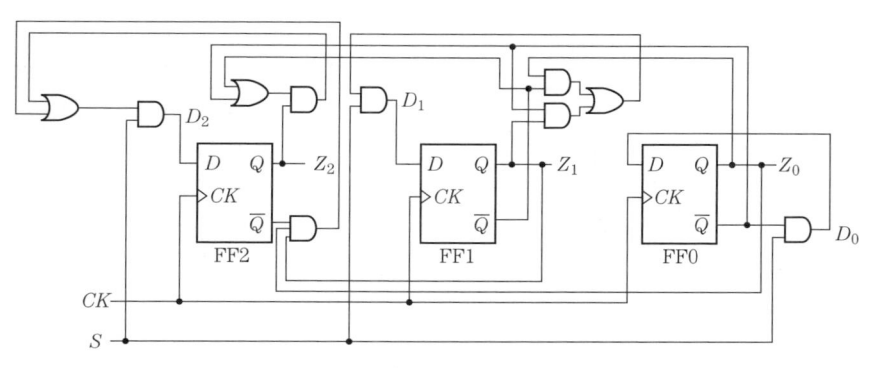

解図 12.3

2 つぎの手順で設計を行う。
  (1) 真理値表の作成 (**解表 12.3**)
  (2) カルノー図を用いた論理式の導出 (**解図 12.4**)
  (3) 論理回路の作成 (**解図 12.5**)

解表 12.3

a_1	a_0	b_1	b_0	y_3	y_2	y_1	y_0	a_1	a_0	b_1	b_0	y_3	y_2	y_1	y_0
0	0	0	0	0	0	0	0	1	0	0	0	0	0	0	0
0	0	0	1	0	0	0	0	1	0	0	1	0	0	1	0
0	0	1	0	0	0	0	0	1	0	1	0	0	1	0	0
0	0	1	1	0	0	0	0	1	0	1	1	0	1	1	0
0	1	0	0	0	0	0	0	1	1	0	0	0	0	0	0
0	1	0	1	0	0	0	1	1	1	0	1	0	0	1	1
0	1	1	0	0	0	1	0	1	1	1	0	0	1	1	0
0	1	1	1	0	0	1	1	1	1	1	1	1	0	0	1

170　演習問題解答

y_3 　a_1a_0
b_1b_0 \ a_1a_0	00	01	11	10
00	0	0	0	0
01	0	0	0	0
11	0	0	1	0
10	0	0	0	0

$y_3 = a_1 \cdot a_0 \cdot b_1 \cdot b_0$

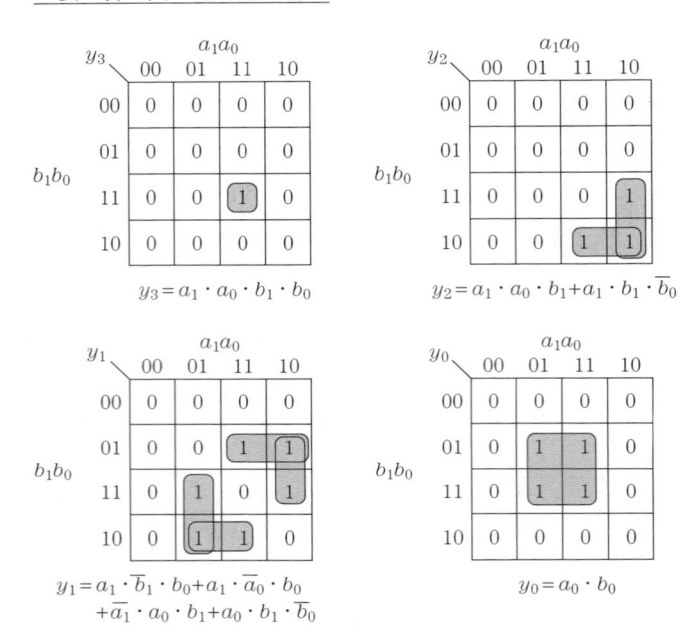

y_2 　a_1a_0
b_1b_0 \ a_1a_0	00	01	11	10
00	0	0	0	0
01	0	0	0	0
11	0	0	0	1
10	0	0	1	1

$y_2 = a_1 \cdot a_0 \cdot b_1 + a_1 \cdot b_1 \cdot \overline{b_0}$

y_1 　a_1a_0
b_1b_0 \ a_1a_0	00	01	11	10
00	0	0	0	0
01	0	0	1	1
11	0	1	0	1
10	0	1	1	0

$y_1 = a_1 \cdot \overline{b_1} \cdot b_0 + a_1 \cdot \overline{a_0} \cdot b_0$
$\quad + \overline{a_1} \cdot a_0 \cdot b_1 + a_0 \cdot b_1 \cdot \overline{b_0}$

y_0 　a_1a_0
b_1b_0 \ a_1a_0	00	01	11	10
00	0	0	0	0
01	0	1	1	0
11	0	1	1	0
10	0	0	0	0

$y_0 = a_0 \cdot b_0$

解図 12.4

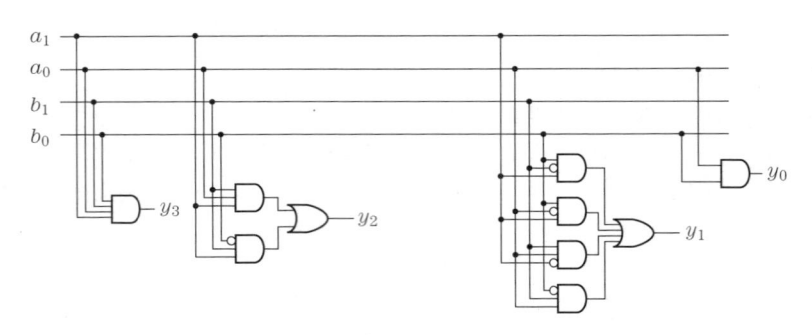

解図 12.5

3　つぎの手順で設計を行う．
（1）　機能表の作成，状態の割付け（**解表 12.4**）
（2）　遷移図の作成（**解図 12.6**）
（3）　遷移表の作成（**解表 12.5**）

解表 12.4

入力 CK	Z_2	Z_1	Z_0	状態	入力 CK	Z_2	Z_1	Z_0	状態
0	0	0	0	A	0	0	1	1	G
1	0	0	0	B	1	0	1	1	H
0	0	0	1	C	0	1	0	0	I
1	0	0	1	D	1	1	0	0	J
0	0	1	0	E	0	1	0	1	K
1	0	1	0	F	1	1	0	1	L

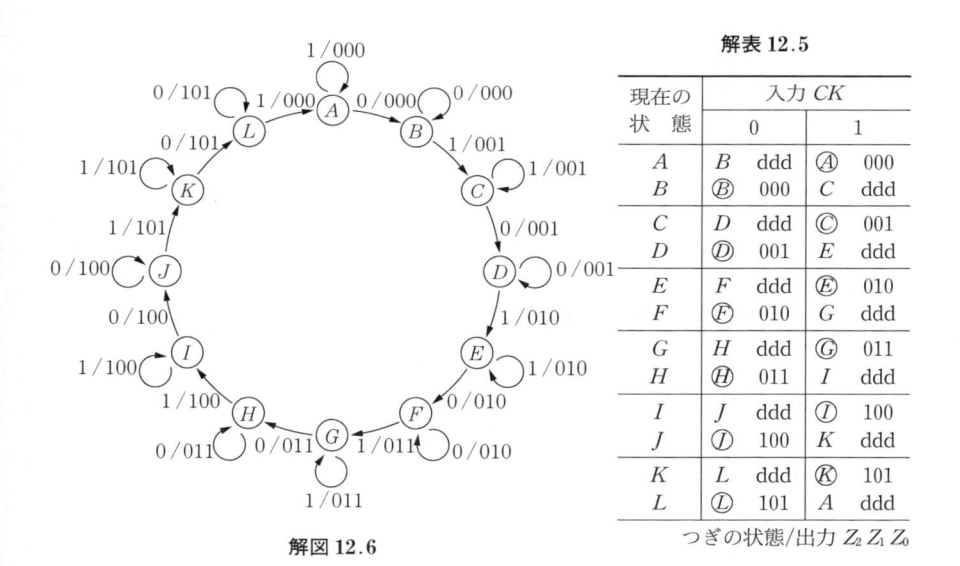

解表 12.5

現在の状態	入力 CK			
	0		1	
A	B	ddd	Ⓐ	000
B	Ⓑ	000	C	ddd
C	D	ddd	Ⓒ	001
D	Ⓓ	001	E	ddd
E	F	ddd	Ⓔ	010
F	Ⓕ	010	G	ddd
G	H	ddd	Ⓖ	011
H	Ⓗ	011	I	ddd
I	J	ddd	Ⓘ	100
J	Ⓙ	100	K	ddd
K	L	ddd	Ⓚ	101
L	Ⓛ	101	A	ddd

つぎの状態/出力 $Z_2 Z_1 Z_0$

解図 12.6

(4) 励起表と出力表の作成（**解表 12.6**），ここでは，出力関数が簡単になるように状態変数を割り付けた。（不完全定義なので自由度が高い）

(5) RS ラッチの遷移表を参照し，$q_3 \to Q_3$，$q_2 \to Q_2$，$q_1 \to Q_1$，$q_0 \to Q_0$ の遷移を実現する RS ラッチの入力値を求め，駆動表を作成する（**解表 12.7**）。

(6) 駆動表より駆動関数を求める（**解図 12.7**）。

(7) 出力関数，駆動関数より論理回路を作成する。

＊手順(5)以降は，状態 2 のみを示し，手順(7)は省略した。

解表 12.6

現在の状態変数				入力 CK			
q_3	q_2	q_1	q_0	0	1	0	1
A 0	0	0	0	1000	0000	ddd	000
B 1	0	0	0	1000	0001	000	ddd
C 0	0	0	1	1001	0001	ddd	001
D 1	0	0	1	1001	0010	001	ddd
E 0	0	1	0	1010	0010	ddd	010
F 1	0	1	0	1010	0011	010	ddd
G 0	0	1	1	0011	0011	ddd	011
H 1	0	1	1	0011	0100	011	ddd
I 0	1	0	0	1100	0100	ddd	100
J 1	1	0	0	1100	0101	100	ddd
K 0	1	0	1	1101	0101	ddd	101
L 1	1	0	1	1101	0000	101	ddd
				つぎの状態変数 $Q_3 Q_2 Q_1 Q_0$		つぎの出力 $Z_2 Z_1 Z_0$	

* 出力関数 $Z_3 = Q_3$, $Z_2 = Q_2$, $Z_1 = Q_1$, $Z_0 = Q_0$ となるように状態変数を割り付けた。

解表 12.7 駆動表（状態 2 のみ示す）

現在の状態変数				入力 CK			
q_3	q_2	q_1	q_0	0	1	0	1
0	0	0	0	0	0	0d	0d
1	0	0	0	0	0	0d	0d
0	0	0	1	0	0	0d	0d
1	0	0	1	0	0	0d	0d
0	0	1	0	0	0	0d	0d
1	0	1	0	0	0	0d	0d
0	0	1	1	0	0	0d	0d
1	0	1	1	0	1	0d	10
0	1	0	0	1	1	d0	d0
1	1	0	0	1	1	d0	d0
0	1	0	1	1	1	d0	d0
1	1	0	1	1	0	d0	01
				Q_2		$S_2 R_2$	$S_2 R_2$

ここの変化に注目

S_2	q_3q_2			
	00	01	11	10
q_1q_0 00	0	d	d	0
01	0	d	d	0
11	0	d	d	0
10	0	d	d	0

$CK = 0$

S_2	q_3q_2			
	00	01	11	10
q_1q_0 00	0	d	d	0
01	0	d	d	0
11	0	d	**d**	**1**
10	0	d	d	0

$CK = 1$

$S_2 = CK \cdot q_3 \cdot q_1 \cdot q_0$

R_2	q_3q_2			
	00	01	11	10
q_1q_0 00	d	0	0	d
01	d	0	0	d
11	d	0	0	d
10	d	0	0	d

$CK = 0$

R_2	q_3q_2			
	00	01	11	10
q_1q_0 00	d	0	0	d
01	d	0	**1**	d
11	d	d	**d**	0
10	d	d	d	d

$CK = 1$

$R_2 = CK \cdot q_3 \cdot q_2 \cdot q_0$

解図 12.7

索　　引

【あ，い，え】

アービタ　147
1の補数表現　3
エンコーダ　15

【か】

カウンタ　72
カルノー図　32
完全定義　100
簡単化　39

【き】

基　数　2
機能設計　79
機能分割　81
キャリー　21, 22
キャリールックアヘッド　24
吸収律　9
競　合　111

【く】

駆動関数　105
駆動表　104
組合せ回路　15, 79
クロック　62
クロックパルス　62
クワイン
　・マクラスキー法　47
クワイン部　47

【け】

ゲート遅延　85
桁上り　21
桁上り出力　21
桁上り入力　22
ゲタ履き表現　4
結合律　9

【こ】

交換律　8
恒等元　8
コンパレータ　140

【さ】

最小項　27
最小項数論理積形　48
最小項数論理和形　48
最小項表現　29
最小論理積形　48
最小論理和形　48
最大項　27
最大項表現　30

【し】

シフトレジスタ　71
16進数　2
主加法標準形　29
縮退故障　60
主　項　48
主項関数　58
主乗法標準形　30
10進数　1
出力関数　105
順序回路　62
ジョンソンカウンタ　100
真理値表　6

【せ】

静的ハザード　86
セット　63
遷移図　98
遷移表　98
全加算器　22

【そ】

双対性　8

【た】

対合律　9
タイミングチャート　12
多段接続　20
単位元　8

【て】

データセレクタ　17
デコーダ　16
デマルチプレクサ　18

【と】

ド・モルガンの法則　9
同期式順序回路　62, 95
動的ハザード　86
トラップ　129
ドント・ケア　16

【な，に，ね】

内　項　47
波　73
2進数　1
2値　1
2の補数表現　4
ネガティブエッジトリガ型
　66

【は】

バイアス表現　4
バイト　1
ハザード　86
8進数　2
ハミング距離　34
半加算器　21

【ひ】

非冗長論理積形　48

非冗長論理和形	48	補元律	9	論理和	6
必須主項	48	ポジティブエッジトリガ型		論理和標準形	27
ビット	1		66		
否定	6			**【その他】**	
非同期式順序回路	62, 108	**【ま】**		AND	6
非同期式フリップフロップ		マクラスキー部	47	CK	62
	63	マルチプレクサ	17	CMOS	37
標準形	27	**【ら，り】**		CPLD	37
標準積和形	29			Dラッチ	63
標準和積形	30	ラッチ	63	D-FF	66
		リセット	63	EXNOR	10
【ふ】		リテラル	6	EXOR	10
フィードバック	63	リプルキャリー方式	22	FF	62
フィードバックループ	63	リプルカウンタ型	73	FPGA	37
ブール代数	8	**【れ】**		LSB	1
不完全定義	100			MSB	1
符号＋絶対値表現	3	励起表	102	NAND	10
フリップフロップ	62, 66	レーシング	111	NOR	10
分配律	9	レジスタ	69	NOT	6
				OR	6
【へ】		**【ろ】**		PLD	37
併合	101	論理ゲート	10	reset	63
べき等律	8	論理積	6	RSラッチ	63
ペトリック関数	57	論理積標準形	27	RS-FF	66
		論理設計	82	set	63
【ほ】		論理値	1, 6	T-FF	66
包含される	47	論理変数	6	TTL	37

── 著者略歴 ──

2001 年 東京都立大学大学院工学研究科博士課程修了（電気工学専攻）
　　　　博士（工学）
2003 年 東海大学助教授
2007 年 東海大学准教授
2013 年 東海大学教授
　　　　現在に至る

著書等 「基礎コンピュータシステム」東京電機大学出版局
　　　　「PIC アセンブラ入門」東京電機大学出版局
　　　　「電気・電子回路計算法入門講座」電波新聞社
　　　　ほか
　　　　第一種情報処理技術者

論理回路の設計
Logical Design of Digital Circuits

© Takeshi Asakawa 2007

2007 年 4 月 27 日　初版第 1 刷発行
2018 年 9 月 15 日　初版第 5 刷発行

検印省略

著　者　　浅　川　　　毅
　　　　　　あさ　かわ　　　たけし
発行者　　株式会社　コロナ社
　　　　　代表者　牛来真也
印刷所　　壮光舎印刷株式会社
製本所　　株式会社　グリーン

112-0011 東京都文京区千石 4-46-10
発行所　株式会社　コ ロ ナ 社
CORONA PUBLISHING CO., LTD.
Tokyo Japan
振替00140-8-14844・電話(03)3941-3131(代)
ホームページ　http://www.coronasha.co.jp

ISBN 978-4-339-00788-6　C3055　Printed in Japan　　　（佐藤）

JCOPY　＜出版者著作権管理機構 委託出版物＞
本書の無断複製は著作権法上での例外を除き禁じられています。複製される場合は、そのつど事前に、出版者著作権管理機構（電話 03-3513-6969，FAX 03-3513-6979，e-mail: info@jcopy.or.jp）の許諾を得てください。

本書のコピー、スキャン、デジタル化等の無断複製・転載は著作権法上での例外を除き禁じられています。購入者以外の第三者による本書の電子データ化及び電子書籍化は、いかなる場合も認めていません。
落丁・乱丁はお取替えいたします。

コンピュータサイエンス教科書シリーズ

(各巻A5判)

■編集委員長　曽和将容
■編集委員　　岩田　彰・富田悦次

配本順			頁	本体
1.	(8回)	情報リテラシー	立曽春花和日康将秀夫容雄共著	234	2800円
2.	(15回)	データ構造とアルゴリズム	伊藤　大雄著	228	2800円
4.	(7回)	プログラミング言語論	大山口五味通弘夫共著	238	2900円
5.	(14回)	論理回路	曽範和公将可容共著	174	2500円
6.	(1回)	コンピュータアーキテクチャ	曽和将容著	232	2800円
7.	(9回)	オペレーティングシステム	大澤範高著	240	2900円
8.	(3回)	コンパイラ	中田育男監修／中井央著	206	2500円
10.	(13回)	インターネット	加藤聰彦著	240	3000円
11.	(4回)	ディジタル通信	岩波保則著	232	2800円
12.	(16回)	人工知能原理	加納政芳／山田雅之／遠藤　守共著	232	2900円
13.	(10回)	ディジタルシグナルプロセッシング	岩田　彰編著	190	2500円
15.	(2回)	離散数学 —CD-ROM付—	牛島和夫編著／相廣雄／朝利民共著	224	3000円
16.	(5回)	計算論	小林孝次郎著	214	2600円
18.	(11回)	数理論理学	古川康一／向井国昭共著	234	2800円
19.	(6回)	数理計画法	加藤直樹著	232	2800円
20.	(12回)	数値計算	加古　孝著	188	2400円

以下続刊

3.	形式言語とオートマトン	町田　元著	
14.	情報代数と符号理論	山口和彦著	
9.	ヒューマンコンピュータインタラクション	田野俊一／高野健太郎共著	
17.	確率論と情報理論	川端　勉著	

定価は本体価格+税です。
定価は変更されることがありますのでご了承下さい。

◆図書目録進呈◆

メディア学大系

(各巻A5判)

- ■第一期 監　　修　相川清明・飯田　仁
- ■第一期 編集委員　稲葉竹俊・榎本美香・太田高志・大山昌彦・近藤邦雄
  　　　　　　　　　榊　俊吾・進藤美希・寺澤卓也・三上浩司（五十音順）

配本順		著者	頁	本体
1.（1回）	メディア学入門	飯田　仁／近藤邦雄／稲葉竹俊 共著	204	2600円
2.（8回）	CGとゲームの技術	三上浩司／渡辺大地 共著	208	2600円
3.（5回）	コンテンツクリエーション	近藤邦雄／三上浩司 共著	200	2500円
4.（4回）	マルチモーダルインタラクション	榎本美香／飯田　仁／相川清明 共著	254	3000円
5.（12回）	人とコンピュータの関わり	太田高志 著	238	3000円
6.（7回）	教育メディア	稲葉竹俊／松永信介／飯沼瑞穂 共著	192	2400円
7.（2回）	コミュニティメディア	進藤美希 著	208	2400円
8.（6回）	ICTビジネス	榊　俊吾 著	208	2600円
9.（9回）	ミュージックメディア	大山昌彦／伊藤謙一郎／吉岡英樹 共著	240	3000円
10.（3回）	メディアICT	寺澤卓也／藤澤公也 共著	232	2600円

- ■第二期 監　　修　相川清明・近藤邦雄
- ■第二期 編集委員　柿本正憲・菊池　司・佐々木和郎（五十音順）

11.	自然現象のシミュレーションと可視化	菊池　司／竹島由里子 共著		
12.	CG数理の基礎	柿本正憲 著		
13.（10回）	音声音響インタフェース実践	相川清明／大淵康成 共著	224	2900円
14.	映像表現技法	佐々木和郎／上林憲行／羽田久一 共著		
15.（11回）	視聴覚メディア	近藤邦雄／相川清明／竹島由里子 共著	224	2800円

定価は本体価格＋税です。
定価は変更されることがありますのでご了承下さい。

図書目録進呈◆

電気・電子系教科書シリーズ

(各巻A5判)

- ■編集委員長　高橋　寛
- ■幹　　　事　湯田幸八
- ■編集委員　　江間　敏・竹下鉄夫・多田泰芳
- 　　　　　　　中澤達夫・西山明彦

配本順		書名	著者	頁	本体
1.	(16回)	電気基礎	柴田尚志・皆藤新二 共著	252	3000円
2.	(14回)	電磁気学	多田泰芳・柴田尚志 共著	304	3600円
3.	(21回)	電気回路Ⅰ	柴田尚志 著	248	3000円
4.	(3回)	電気回路Ⅱ	遠藤　勲・鈴木靖純 編	208	2600円
5.	(27回)	電気・電子計測工学	吉澤昌純・降矢典雄・福吉拓也・吉崎和明・西山明彦・高下二郎 共著	222	2800円
6.	(8回)	制御工学	奥平鎮正 著	216	2600円
7.	(18回)	ディジタル制御	青木立・西堀俊幸 共著	202	2500円
8.	(25回)	ロボット工学	白水俊次 著	240	3000円
9.	(1回)	電子工学基礎	中澤達夫・藤原勝幸 共著	174	2200円
10.	(6回)	半導体工学	渡辺英夫 著	160	2000円
11.	(15回)	電気・電子材料	中澤・押田・藤原・服部 共著	208	2500円
12.	(13回)	電子回路	須田健二・土田英一 共著	238	2800円
13.	(2回)	ディジタル回路	伊若室山・吉海下賀・充博弘夫昌純進也 共著	240	2800円
14.	(11回)	情報リテラシー入門	久英・嚴 共著	176	2200円
15.	(19回)	C++プログラミング入門	湯田幸八 著	256	2800円
16.	(22回)	マイクロコンピュータ制御プログラミング入門	柚賀正光・千代谷慶 共著	244	3000円
17.	(17回)	計算機システム(改訂版)	春日健・舘泉雄八 共著	240	2800円
18.	(10回)	アルゴリズムとデータ構造	湯田幸八・伊原充博 共著	252	3000円
19.	(7回)	電気機器工学	前田勉弘・新谷邦敏 共著	222	2700円
20.	(9回)	パワーエレクトロニクス	江間　敏・高橋　勲 共著	202	2500円
21.	(28回)	電力工学(改訂版)	江間　敏・甲斐隆章 共著	296	3000円
22.	(5回)	情報理論	三木成彦・吉川英機 共著	216	2600円
23.	(26回)	通信工学	竹下鉄夫・吉川英夫 共著	198	2500円
24.	(24回)	電波工学	松田豊稔・宮田克正・南部幸久 共著	238	2800円
25.	(23回)	情報通信システム(改訂版)	岡田裕・原月正・桑原伸夫 共著	206	2500円
26.	(20回)	高電圧工学	植月唯夫・松本孝・箕田充志 共著	216	2800円

定価は本体価格+税です。
定価は変更されることがありますのでご了承下さい。

◆図書目録進呈◆

電子情報通信レクチャーシリーズ

■電子情報通信学会編　　　（各巻B5判）

共　通

	配本順			頁	本体
A-1	（第30回）	電子情報通信と産業	西村吉雄著	272	4700円
A-2	（第14回）	電子情報通信技術史 ―おもに日本を中心としたマイルストーン―	「技術と歴史」研究会編	276	4700円
A-3	（第26回）	情報社会・セキュリティ・倫理	辻井重男著	172	3000円
A-4		メディアと人間	辻原島博 北川高嗣共著		
A-5	（第6回）	情報リテラシーとプレゼンテーション	青木由直著	216	3400円
A-6	（第29回）	コンピュータの基礎	村岡洋一著	160	2800円
A-7	（第19回）	情報通信ネットワーク	水澤純一著	192	3000円
A-8		マイクロエレクトロニクス	亀山充隆著		
A-9		電子物性とデバイス	益天川一哉 修平共著		

基　礎

B-1		電気電子基礎数学	大石進一著		
B-2		基礎電気回路	篠田庄司著		
B-3		信号とシステム	荒川薫著		
B-5	（第33回）	論理回路	安浦寛人著	140	2400円
B-6	（第9回）	オートマトン・言語と計算理論	岩間一雄著	186	3000円
B-7		コンピュータプログラミング	富樫敦著		
B-8	（第35回）	データ構造とアルゴリズム	岩沼宏治他著	208	3300円
B-9		ネットワーク工学	仙田正和 石村敬 中野介共著		
B-10	（第1回）	電磁気学	後藤尚久著	186	2900円
B-11	（第20回）	基礎電子物性工学 ―量子力学の基本と応用―	阿部正紀著	154	2700円
B-12	（第4回）	波動解析基礎	小柴正則著	162	2600円
B-13	（第2回）	電磁気計測	岩﨑俊著	182	2900円

基　盤

C-1	（第13回）	情報・符号・暗号の理論	今井秀樹著	220	3500円
C-2		ディジタル信号処理	西原明法著		
C-3	（第25回）	電子回路	関根慶太郎著	190	3300円
C-4	（第21回）	数理計画法	山下信雄 福島雅夫共著	192	3000円
C-5		通信システム工学	三木哲也著		
C-6	（第17回）	インターネット工学	後藤滋樹 外山勝保共著	162	2800円
C-7	（第3回）	画像・メディア工学	吹抜敬彦著	182	2900円

配本順			頁	本体
C-8 (第32回)	音声・言語処理	広瀬啓吉著	140	2400円
C-9 (第11回)	コンピュータアーキテクチャ	坂井修一著	158	2700円
C-10	オペレーティングシステム			
C-11	ソフトウェア基礎	外山芳人著		
C-12	データベース			
C-13 (第31回)	集積回路設計	浅田邦博著	208	3600円
C-14 (第27回)	電子デバイス	和保孝夫著	198	3200円
C-15 (第8回)	光・電磁波工学	鹿子嶋憲一著	200	3300円
C-16 (第28回)	電子物性工学	奥村次徳著	160	2800円

展開

			頁	本体
D-1	量子情報工学	山崎浩一著		
D-2	複雑性科学			
D-3 (第22回)	非線形理論	香田徹著	208	3600円
D-4	ソフトコンピューティング			
D-5 (第23回)	モバイルコミュニケーション	中川正雄・大槻知明共著	176	3000円
D-6	モバイルコンピューティング			
D-7	データ圧縮	谷本正幸著		
D-8 (第12回)	現代暗号の基礎数理	黒澤馨・尾形わかは共著	198	3100円
D-10	ヒューマンインタフェース			
D-11 (第18回)	結像光学の基礎	本田捷夫著	174	3000円
D-12	コンピュータグラフィックス			
D-13	自然言語処理	松本裕治著		
D-14 (第5回)	並列分散処理	谷口秀夫著	148	2300円
D-15	電波システム工学	唐沢好男・藤井威生共著		
D-16	電磁環境工学	徳田正満著		
D-17 (第16回)	VLSI工学 ―基礎・設計編―	岩田穆著	182	3100円
D-18 (第10回)	超高速エレクトロニクス	中村徹・三島友義共著	158	2600円
D-19	量子効果エレクトロニクス	荒川泰彦著		
D-20	先端光エレクトロニクス			
D-21	先端マイクロエレクトロニクス			
D-22	ゲノム情報処理	高木利久・小池麻子編著		
D-23 (第24回)	バイオ情報学 ―パーソナルゲノム解析から生体シミュレーションまで―	小長谷明彦著	172	3000円
D-24 (第7回)	脳工学	武田常広著	240	3800円
D-25 (第34回)	福祉工学の基礎	伊福部達著	236	4100円
D-26	医用工学			
D-27 (第15回)	VLSI工学 ―製造プロセス編―	角南英夫著	204	3300円

定価は本体価格+税です。
定価は変更されることがありますのでご了承下さい。

◆図書目録進呈◆

情報ネットワーク科学シリーズ

（各巻A5判）

コロナ社創立90周年記念出版 〔創立1927年〕

■電子情報通信学会 監修
■編集委員長　村田正幸
■編　集　委　員　会田雅樹・成瀬　誠・長谷川幹雄

本シリーズは，従来の情報ネットワーク分野における学術基盤では取り扱うことが困難な諸問題，すなわち，大量で多様な端末の収容，ネットワークの大規模化・多様化・複雑化・モバイル化・仮想化，省エネルギーに代表される環境調和性能を含めた物理世界とネットワーク世界の調和，安全性・信頼性の確保などの問題を克服し，今後の情報ネットワークのますますの発展を支えるための学術基盤としての「情報ネットワーク科学」の体系化を目指すものである．

シリーズ構成

配本順			頁	本体
1.（1回）	情報ネットワーク科学入門	村田 正幸 編著 成瀬　　誠	230	3000円
2.（4回）	情報ネットワークの数理と最適化 ―性能や信頼性を高めるためのデータ構造とアルゴリズム―	巳波 弘佳 共著 井上　　武	200	2600円
3.（2回）	情報ネットワークの分散制御と階層構造	会田 雅樹 著	230	3000円
4.（5回）	ネットワーク・カオス ―非線形ダイナミクス，複雑系と情報ネットワーク―	中尾 裕也 共著 長谷川 幹雄 合原 一幸	262	3400円
5.（3回）	生命のしくみに学ぶ 情報ネットワーク設計・制御	若宮 直紀 共著 荒川 伸一	166	2200円

定価は本体価格+税です．
定価は変更されることがありますのでご了承下さい．

◆図書目録進呈◆